仿刺参肠再生关键基因及调控机制

Key Genes and Regulatory Mechanisms for Intestinal Regeneration in *Apostichopus japonicus*

陈雷 著

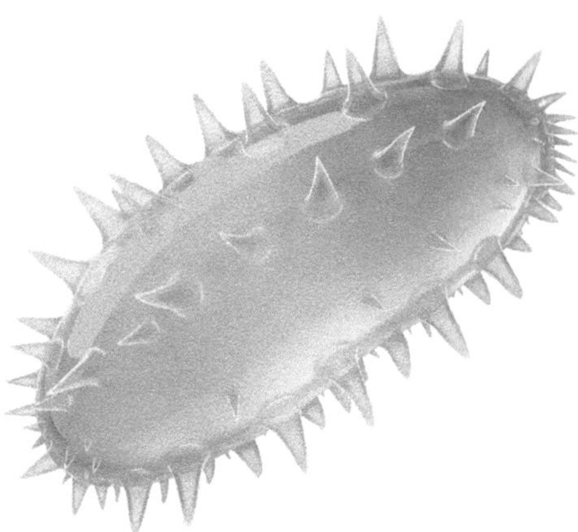

化学工业出版社

·北京·

内 容 简 介

本书以具有极强再生能力的仿刺参为研究对象，系统阐述了其肠道再生的关键基因及分子调控机制。全书概述了仿刺参的生物学特性及再生特性，通过构建再生早期转录组，筛选出与肠再生过程密切相关的关键基因。核心内容聚焦于 *megf*6、*klf*13 和 *btf*3*l*4 三个关键基因，详细介绍了其克隆、序列特征、表达模式、蛋白定位及其在再生过程中的调控作用。最后，整合相关通路基因的表达分析，初步揭示了蛋白 MEGF6、KLF13 和 BTF3L4 在仿刺参肠再生中的协同调控机制。

本书可为从事仿刺参基础生物学研究、水产增养殖学等学科研究的科研人员与院校师生提供理论参考。

图书在版编目（CIP）数据

仿刺参肠再生关键基因及调控机制 / 陈雷著 . 北京 : 化学工业出版社，2026. 1. -- ISBN 978-7-122-49869-4

Ⅰ. Q959.269

中国国家版本馆 CIP 数据核字第 20260C95D2 号

责任编辑：曹家鸿　邵桂林
装帧设计：孙　沁　　　　　责任校对：刘　一

出版发行：化学工业出版社
（北京市东城区青年湖南街 13 号　邮政编码 100011）
印　　装：北京建宏印刷有限公司
710mm × 1000mm　1/16　印张 $8^1/_4$　字数 151 千字
2026 年 2 月北京第 1 版第 1 次印刷

购书咨询：010-64518888　　　　售后服务：010-64518899
网　　址：http：//www.cip.com.cn
凡购买本书，如有缺损质量问题，本社销售中心负责调换。

定　　价：88.00 元

前言

海参隶属于棘皮动物门，是海洋中的重要经济动物，为“海产八珍”之一。目前在我国海域分布的可食用海参种类约有20种，其中分布于我国黄海、渤海的仿刺参（*Apostichopus japonicus*）营养价值和药用价值是最高的，目前已成为我国南方、北方海水养殖的重要种类之一。仿刺参具有许多特殊习性，例如夏眠、自溶、排脏与再生、排异、预报天气等。其中，再生特性为人类医学提供了重要应用方向，已引起国内外学者广泛关注，对海参不同组织器官的再生开展了深入研究，以期探明海参再生机制。目前研究认为海参再生机制涉及变形再生、新建再生及两种结合的方式，组织、器官再生是由多个基因相互调控完成的复杂过程。可见，发挥调控作用基因的确定、信号通路调控机理的确定对研究海参再生意义重大，该研究成果可为人类再生医学研究和实践提供重要参考。

本书共分为六章。第一章为海参概述；第二章为仿刺参再生早期转录组学；第三章为仿刺参 *megf*6 基因克隆及在肠再生中的表达分析；第四章为仿刺参 *klf* 13 基因克隆及在肠再生中的表达分析；第五章为仿刺参 *btf* 3*l*4 基因克隆及在肠再生中的表达分析；第六章为蛋白 MEGF6、KLF13 和 BTF3L4 在仿刺参肠再生过程中的调控机制。本书的核心内容是著者在近些年研究中取得的研究成果，同时收集整理了同期及以前国内外相关研究结果作为对比，力求能较为系统地展示目前已获得的海参再生机制研究成果。著本书的目的，旨在对以往的研究工作进行系统总结，并将目前已有的海参再生研究成果进行梳理和归纳，丰富开展海参再生科学研究、课堂教学、产业应用所需参考资料，并希望为海参再生理论的深入研究和海参产业的健康发展，起到助力的作用。

本书相关研究先后获得了国家自然科学基金项目（31572607）、海洋公益性行业科研专项经费项目（201305002、201405003）等的支持。

本书成稿之际，感谢为本书相关研究成果取得、文稿撰写提供帮助的前辈、同事、朋友和学生。感谢辽宁师范大学侯林教授、姚锋副教授、黄惠芳博士，大连海洋大学刘海映教授、姜志强教授、张国胜教授、陈勇教授、汤勇教授、孙建富教授、尹增强教授、方蕾副教授等对本书中的相关研究和书稿撰写给予的支持和帮助；感谢大连海洋大学硕士生许玲、冯曾光、孙佳伟、孙珮琦、刘文宇、薛佳欣、常一凡、张泽林、温锦、李想、王佳宁，本科生赵梓桓、李钰、路盼、张昊阳等在书稿整理过程中提供的协助；特别感谢大连市海洋发展局戚浩然一级调研员，辽宁省海洋水产科学研究院李石磊研究员、王庆志研究员，大连市检验检测认证技术服务中心杨滴高级工程师在本书的相关研究中给予的宝贵建议。

由于著者水平有限，书中难免存在不足之处，恳请读者批评、指正。

著　者

2025 年 4 月

目 录

第一章　海参概述

第一节　海参生物学

一、海参的主要特征

海参，在地球上已经生存有六亿多年。在中国，主要分布于温带和热带；在世界上，主要分布于印度洋、西太平洋海区。海参身体呈圆筒状，一般背面有大小不等的疣足，腹面密布管足，身体体壁比较柔韧，富含结缔组织，身体整体呈“黄瓜”形状，又称“海黄瓜”（sea cucumber）。海参大多生活于海洋底部的礁石区域，营附着生活[1-2]，可在海底匍匐爬行，或埋栖于沙底中，或躲避于石缝中。饵料主要以富含有机碎屑的底泥、藻类碎片为主。海参营养成分丰富，蛋白质含量高，并富含人体必需氨基酸[3]以及 11 种不饱和脂肪酸[4]，对人体健康具有重要作用。全世界有海参 1300 余种[5]，其中在我国海域分布有 140 余种[6]，但全世界可供食用的种类仅有 40 余种，我国约有 20 种。

二、仿刺参的主要特征

在我国黄海、渤海区域分布的仿刺参（*Apostichopus japonicus*），又称刺参，隶属棘皮动物门（Echinodermata）、海参纲（Holothuroidea）、楯手目（Aspidochirotida）、刺参科（Stichopodidae）、刺参属（*Apostichopus*），是我国分布的海参中营养价值最高的种类[7]。仿刺参具有低糖、低脂、低胆固醇、高蛋白的优点，其体内富含多糖、皂苷、多肽等活性物质，具有降血压、降血糖、降血脂、抗肿瘤和增强免疫力的作用[1, 2, 5]。仿刺参是海参中高营养价值的种类，更是药食两用的海珍品。因仿刺参具有非常高的经济价值，目前已在辽宁、河北、山东、福建等沿海省份进行大范围养殖。可以说，仿刺参已成为我国南北方海水池塘、海区网箱养殖、潮间带和浅海底播增养殖的重要种类之一。2003 ～ 2022 年全国仿刺参总产量从 39000t 增至 249000t[8]，仿刺参养殖成为海水养殖的重要产业之一。

成体仿刺参完全伸展长度可达 40cm，呈圆筒状，口部有触手，背侧有 4 ～ 6 排疣足，腹面有密集的管足。管足既有附着作用，又有呼吸作用。仿刺参体壁表面分泌有大量黏液，用以防御病原生物、敌害生物的侵扰；体壁内侧排列有5条比较发达的纵肌，用以实现身体的前后伸展、收缩运动。仿刺参喜生活在水质清新、盐度22‰～35‰、礁石或砾石底的浅海海域中，成体一般生活于水深3～5m的区域，少数可达到50m，而幼体主要生活在潮间带。仿刺参通常为昼伏夜出，利用其口周围的20条触手，刮食海底岩礁、砾石上的小型底栖生物以及埋于底质中的有机碎屑。仿刺参为雌雄异体，2龄性成熟，渤海、黄海种群的繁殖期为6～8月[9]，一般在夜间进行繁殖活动，雌、雄个体分别排出精、卵，精卵在海水中结合，并完成受精。与其他常见水产动物相比，仿刺参还具有一些特殊习性。

三、仿刺参的特殊习性

（一）夏眠

夏眠是动物应对食物缺乏、高温或低温环境等极端生存条件下的一种生存策略[10-12]。出现夏眠行为的动物会出现许多行为学特征变化，例如选择隐蔽场所栖息、运动量减少、摄食停止等。仿刺参在我国自然分布于辽宁、河北、山东等地区，在世界上主要分布于北太平洋地区，包括俄罗斯、日本及朝鲜半岛沿岸，属于温带种类。仿刺参夏眠现象由学者Mitsukuri首次发现[13]。水温是仿刺参夏眠的诱导因子[14]。对于仿刺参夏眠的临界温度，学者进行了相关研究。崔相[15]认为仿刺参进入夏眠的临界温度为24.5℃；隋锡林[16]认为仿刺参夏眠的临界温度为20～24℃；Yang等研究发现水温高于20℃时仿刺参便开始进入夏眠[17]。也有学者[18, 19]认为，同一环境条件下，仿刺参夏眠的临界水温与仿刺参年龄有关，体重为45～85g的1龄个体夏眠的临界水温为24.10℃；体重为100～160g的2龄个体为22.9℃；体重为161～400g的3龄及以上个体为21.8℃；体重小于25g的小个体不进行夏眠。李霞等研究发现，体重40～60g的仿刺参夏眠临界温度是20℃[20]。

夏眠是仿刺参生活史中的一个重要过程，也是仿刺参应对夏季高温期的一种生态策略[21, 22]。夏眠期间仿刺参会发生一系列的生理、生态习性的变化，表现出摄食停止、体重减轻、代谢减弱、肠道萎缩、活动减弱等。自然条件下，仿刺参的夏眠时间长达2～4个月，由于此期间仿刺参不摄食，基本生存需要的能量只能通过机体的体壁来供给，因此夏眠结束后，仿刺参体壁变薄、摄食量增大。

（二）自溶

与其他水产动物相比，仿刺参是一种自溶能力很强的海洋动物。仿刺参的体内存在着自溶酶，当它受到一些特定环境条件影响时，例如高温、紫外线照射、细菌侵袭、长时间离水等，体壁组织中高活性水解酶便会发挥作用，发生自溶反应，并伴有胞内物质的释放[23，24]，仿刺参体壁逐渐变软，溶化成胶体态、液态。

仿刺参体内的自溶酶不是单一种类的酶，而是一个复杂的酶系，有蛋白酶、纤维素酶、果胶酶、淀粉酶和脂肪酶等[25]。仿刺参体壁自溶过程中涉及蛋白质降解途径，研究表明仿刺参体壁中的半胱氨酸蛋白酶是一类重要的蛋白酶，它参与了体壁的降解过程[26]，并影响非胶原蛋白的降解。同时，仿刺参肠组织中含有丰富的蛋白水解酶，如胃蛋白酶、胰蛋白酶、组织蛋白酶 B、高碱性蛋白酶和肽水解酶[27-30]，仿刺参肠组织中含有能够降解仿刺参体壁胶原蛋白的内源酶，可能在仿刺参自溶中也发挥一定作用[31]。

（三）排脏与再生

排脏是指海参在受到强烈刺激时，会把肠道、呼吸树、生殖腺等内脏器官一起排出体外的现象。引起排脏的刺激条件，包括干露、温度剧烈变化、水质污染以及物理刺激、化学刺激等。目前观测到海参的排脏方式有两种，一种是楯手目种类在受到刺激后体壁明显收缩，然后泄殖腔破裂将内脏器官从肛门排出，如仿刺参；另一种是枝手目种类通过身体前部体壁破裂的方式排出摄食和消化器官，如硬瓜参[32]。

受到刺激后，仿刺参体壁明显收缩，同时消化道分别在近咽部、排泄腔处断开，与身体断开连接，然后内脏器官在体壁的挤压下通过肛门排出体外。可以说，排脏是仿刺参受到刺激后的一种自我保护行为，这对于其在应对病原侵袭、敌害侵扰、不良生存环境方面具有重要的生态意义[33-35]。

排脏后的仿刺参，不能立刻摄食，在适宜的环境条件下经过 10 天左右，消化道逐渐长出，并开始摄食，一般在 15 ～ 20 天，肠道完成再生。除了内脏外，仿刺参的体壁也具备很强的再生修复能力，一般体壁的伤口在 3 ～ 5 天即可痊愈，伤痕消失。仿刺参的再生机制既包括变形再生，又包括新建再生[36-37]。

（四）排异

排异反应又称排斥反应，是异体组织或异物进入有免疫活性宿主体内后，被宿主免疫系统识别，而产生的一系列特异性细胞免疫、体液免疫反应。排异反应是生物进化过程中获得的一种保护性反应。在对仿刺参进行实验观察时发现，无论在仿刺参体壁上还是体腔内，系挂、插入线质或金属质异物，仿刺参都能魔术般地使异物脱落或排出，而且在体壁上不留下损伤痕迹。笔者认为，仿刺参的这种特性与其强大的再生能力是有一定关联的。正是因为这种特性，在开展仿刺参室内养殖、海区底播增殖时，还无法通过体内、体外标志（记）来标记个体。

（五）天气预报

海上天气变化无常，在没有气象卫星，没有天气预报的年代里，仿刺参可为海上工作的人们预报天气情况。当暴风骤雨要来临时，在外觅食活动的仿刺参会躲到礁石的缝隙里隐藏起来。当人们发现原在海底四处活动觅食的仿刺参已不见踪影，便知道暴风骤雨就要来临，应立即收起网具，起锚返航。可以说，在通讯不发达的年代，仿刺参为海上安全生产起到了重要作用。

第二节　仿刺参的再生特性

一、排脏

当受到敌害等伤害性刺激或外界环境突变时，很多种类的海参会表现出特殊防御机制——排脏，即将大部分消化道和与之相连的组织（呼吸树、性腺等）通过泄殖腔破裂排出体外。海参的吐脏方式有 3 种：①仅排出消化道，在断裂的残肢处留下 2 个断面；②体腔中仅留石灰环、食道及泄殖腔残体；③从口仅排出肠道，但不形成断裂面[36]。仿刺参的吐脏行为属于第一种。

仿刺参的吐脏是在神经系统控制下的一个复杂行为，分为 3 个过程：①连接内脏、肠系膜、肌肉的韧带软化；②部分体壁和泄殖腔发生软化；③体壁肌肉收缩，断裂已软化的组织，然后将断开韧带连接的内脏器官排出体外。机体内张力的消失，是棘皮动物特征性吐脏的重要表现[38, 39]。生物体内结缔组织易改变的特性由神经系统控制，因而一定的刺激便能引起仿刺参机体内部相应部位的软化，诱导了自割、吐脏行为。Smith 等[40-42]从仿刺参和玉足海参（*Holothuria leucopilota*）体壁中分离出 4 种多肽，分别命名为 Holokinin1、Holokinin2、NGIWYamide 和 Stichopin，并认定它们为神经肽类，在海参体内具有调控结缔组织的功效，与海参表皮紧张直接相关。Emson 和 Wilkie[43] 在 20 世纪 80 年代发表的综述中提到：海参类易吐脏，断裂点的固定性、器官再生的迅速性和准确性，表明这是一种高度发育的适应性行为。Motokawa 等认为吐脏是海参类躲避敌害的行为策略，且吐脏后可再生出新的内脏[44]。

二、再生

不同种类棘皮动物的再生能力具有一定差异，有的种类可以双向再生，而有的种类只能单向再生。成体的自发裂变使一些棘皮类可以进行无性繁殖[45，46]。棘皮动物超强的再生现象，已引起了科学家的关注，其可以为人类器官的再生研究提供启示。一般海参类的再生能力不如海星类那样强，但海参的再生能力也是令人惊叹的。例如细锚参（*Leptosynapta crassipatina*）切断部分机体可长出一个完整的新个体[47]；有背、腹肠系膜及侧肠系膜交叉点存在的细锚参切断部分可在 14 天内完成再生[40，41]；加拿大红参（*Parastichopus californicus*）、绿刺参（*Stichopus chloronotus*）身体 1/3、2 /3、1/2 的切断个体都可以再生为一个正常个体[15]；在仿刺参机体的前、后 1/3 处横切，20 天能再生出完整的消化道，在 100 天时再生出摄食、排泄功能完备的个体[48]。

（一）消化道的再生

在海参的再生研究中，一般认为最先再生的器官为消化器官。海参吐脏的自断位置是不变的，前区在食管与胃肠连接处，后区在肠和肛门的连接处[49]。海参因种类、生存条件的差异，完成消化道再生、具备生理功能所需的天数也不同。糙海参（*Holothuria scabra*）7 天便可完成再生[50]；仿刺参需 14 ～ 20 天能完成消化道再生[51，52]；而拟仿刺参（*Stichopus mollis*）完成肠管再生需要约 145 天[53]。海参纲消化道从口至泄殖腔为一条连续的管状腔。不同物种各部位的体积、结构有一定的特异性，这与机体摄食习性、消化习性有关。仿刺参消化道可分为口、咽、食道、胃、肠和泄殖腔[54]。已有多位学者对海参纲多个种类的消化系统组织学进行了研究[55-57]。总体上，消化道的6个部位在组织学上是很相似的。

仿刺参消化道再生分为6个时期：①伤口愈合期（再生1～2天）消化道断开处的伤口愈合；②原基形成期（再生3～7天）食道开始生长、延长，肠系膜游离处增厚；③肠管雏形形成期（再生8～12天）肠系膜增厚区形成肠壁；④肠管形成期（再生13～21天）食道与泄殖腔末端顺着变厚的肠系膜对向生长，形成新肠管；⑤功能分化期（再生22～42天）消化道逐渐具备应有的功能，形成肌肉层。⑥生长期（再生43～70天）组织结构已经正常，不再功能分化，此时的变化仅体现在生长方面[49, 51]。

就过程而言，仿刺参的消化道再生和生物的胚胎发育是比较接近的，但是在时间、空间上与胚胎发育又完全分离，因此仿刺参消化道再生已成为研究生物体组织器官发生的独特模型[58, 59]。

（二）血管系统的再生

不同种类海参的血管系统再生模式不同。海参（*Stichopus mollis*）血管系统的腹管从肠管的腹侧开始再生，几周后，背管才慢慢发育。糙海参（*Hololothuria scabra*）吐脏后，立即再生血管[50]。这两种海参的再生血管是在再生内脏中完成的，并且向前方延伸、连接吐脏发生时产生的食管断裂处。因此推测参与血管再生的细胞来自体腔上皮层以及形成肠原基的间充质细胞。有关仿刺参血管系统的再生，目前还未见报道。

（三）呼吸树的再生

呼吸树是海参类的主要呼吸器官[50]。在仿刺参吐脏后第2天就有呼吸树结构开始形成的现象发生[60]。呼吸树的原基是由残留泄殖腔内的腔上皮细胞去分化，再迁移、转换形成的[61]。仿刺参的呼吸树再生可分为再生初始期、再生期和生长期。再生初始期一般持续2天，该时期主要是受伤组织进行溶解和伤口封闭。仿刺参与其他多数棘皮类动物一样，伤口处出现组织块[62, 63]。也可将再生期细分为原基形成期（3～7天）和组织发生期（8～15天）[64]。当再生15天时，呼吸树长度就能达到15～20mm，还需经历生长期，达到正常状态。

（四）体壁的再生

海参体壁分为上皮层、结缔组织层、肌肉层、体腔上皮层。不同种类海参，其体壁再生能力不同。硬瓜参（*Sclerodactyla briareus*）可以在 20 天完成再生[57]；横切后，真五角瓜参（*Eupentacta fraudatrix*）的再生时间长短与横切后长度及前后轴的位置有关[65]。当仿刺参体壁仅剩体腔膜时，20 天左右便可完全修复[66]。一般认为在再生过程中，体壁表皮的角质层发挥作用，其可以降低外界环境对机体的伤害[67]。角质层的形成过程包括上皮细胞的细胞膜内凹，细胞解体，细胞核浓缩、细胞器消失，表皮腺细胞排出黏液[68]。然而，结缔组织的再生是通过分泌纤维粘连蛋白、胶原纤维来进行伤口修复的[69]。体壁再生过程中，未被破坏的表皮干细胞受到结缔组织中上皮干细胞分化的刺激，细胞开始分化、分裂增殖、集聚，形成细胞团后向表皮迁移，使表皮层增厚，增殖的细胞均匀分布于新生表皮组织内，然后细胞团消失[70]。

（五）生殖腺的再生

仿刺参的生殖腺位于身体前端，并开口于体前部的背侧。生殖腺生于背系膜，由多个枝状细管在基部聚为一大枝，贴附于背肠系膜上，伸向前方的总管为生殖管。海参吐脏时，往往仅丢弃生殖管，生殖腺的原基仍留存，这使其具有了再生新生殖腺的潜能[57, 71]。枝手目的强硬瓜参（*Sclerodactyla briareus*）经口吐脏后，生殖腺基部、部分生殖管仍附着在背部的肠系膜上，这些组织为生殖腺再生的基础。枝手目的赛瓜参（*Thyonella gemmata*）被横切后，只要后端靠近生殖腺的片段占机体长度的 1/8，该片段在 243 天后可以再生出结构和功能完整的生殖腺[72]。如果将海参的生殖腺原基去掉，那么生殖腺不能再生[73]。这说明再生的生殖腺是由生殖腺原基发育而来的，而且生殖腺的形成与海参培育过程中的性腺发育相近。Kille 在研究海参（*Holothuria parvula*）通过分裂进行无性繁殖后，认为新生殖腺中的生殖细胞源于体腔上皮[74]。由此可见，海参的体腔上皮层细胞是最具潜能的细胞，它是特异的体细胞前体、生殖细胞前体[75]。由于生殖腺发育的周期性，生殖腺的再生过程还受生物体所处季节性条件影响。

（六）体壁纵肌带的再生

仿刺参体壁的 5 条纵肌带是平滑肌，由身体前部纵伸至后部。与高等生物不同，仿刺参平滑肌有出众的再生能力，但对照其他组织，仿刺参肌肉组织的再生速度比较慢[76-78]，需 150 天才能完成纵肌带修复[79]。

关于体壁纵肌带的再生，主要存在三种观点：①纵肌再生过程中，肌细胞发生了去分化或增殖现象，为再生提供了细胞来源[80，81]。仿刺参肌肉发生损伤既包括明显的肌肉细胞变化，又包括细胞外基质变化。发生损伤后，机体体壁收缩，损伤处肌肉变紧。在修复初期，炎症和受损组织的变性激活先前沉默的肌原细胞，肌原细胞增殖、转化成肌纤维[81]。②再生肌肉层来自体腔上皮细胞，其是以该细胞循环利用、分化和转移为基础，而并非由细胞分裂而来[62，64，82，83]。Dolmatov[84，85]等认为再生的肌细胞是由体腔上皮层细胞转化来的，而不是来源于原存在的肌细胞，属于变形再生。③也有研究表明新生的肌细胞来自体壁结缔组织和体腔上皮，原因是再生时有大量体腔上皮细胞转化为肌细胞[79]。

三、再生机制

（一）细胞生物学方面

目前，海参再生现象已被广泛关注，并成为发育生物学研究的热点问题之一，但探明再生现象涉及的机理仍有很大难度，尤其由于前期技术手段的落后。目前关于海参再生研究，主要关注组织细胞学和分子学层面。海参再生机制有变形再生、新建再生及两种结合的方式。不同种类、不同组织的再生机制也有差异。海参（*Stichopus japonicus*）体壁内纵肌的再生[62]和无足目海参（*Leptosynapta clarki*）肠再生为变形再生[86]；海参（*Holothuria forskali*）肠的再生为变形和新建相结合的方式[75]。仿刺参的体壁结缔组织是变形再生，而表皮为新建再生[76]。而海参中多数种类再生涉及的机制是变形、新建相交错的方式，仿刺参消化道再生便是这种方式。变形再生是指吐脏后，残留的消化道组织发生调配、变换，形成新的组织器官，并且保有原来的生理功能。新建再生是指体内细胞分裂、增殖，新细胞代替丢失的组织，或由新细胞形成一个具有发育潜能的胚基，该胚基形成新的组织器官，进而完成组织、器官的再生[36]。

肠系膜在内脏再生过程中发挥关键作用。仿刺参的消化道被肠系膜锚定在体腔内。肠系膜根据所在位置被分为背肠系膜、腹肠系膜、侧肠系膜，而它们实际为一个片状整体。现在普遍认为肠系膜增厚的位置是形成再生肠管的原基。当仿刺参吐脏时，消化道与肠系膜彼此分开。吐脏结束后，多数肠系膜仍完好，体侧的部分仍附着于体壁上，但末梢已呈游离状。吐脏后第3

天，该部位向体腔内壁延伸、变厚，成为体腔膜[87]。组织学观察结果表明，肠系膜固着位置的增厚区延长，形成一个连续的线型增殖细胞区，前端与食道 - 胃断开处相接，后端与泄殖腔残肢相连，成为消化道再生的原基。

肠系膜增厚区的细胞从何而来？有人认为是肠系膜内细胞转移的结果[88]，但这些细胞的由来却不清楚。目前普遍认为是从分化细胞去分化，组成单独细胞系而来，干细胞是分化细胞的前身[49]。另有学者赞同再生原基由肠系膜外围组织的去分化细胞迁移而来，例如从体壁、体腔间隙、神经索[57，65]。例如，真五角瓜参水烟球复合体的再生中，细胞可能是从肠系膜的边缘移动而来，其中有的可能来自肌细胞，有的来自水管、神经索[65]。体腔上皮、腹膜也可能有原基的前体细胞。因为体腔上皮细胞、腹膜细胞可能是变形细胞，且是定位在体腔间隙、内脏上，它们在间皮层形成多种细胞的前身。再生时，游离肠系膜边缘邻近的体腔上皮细胞去分化，向肠系膜边缘移动，形成原基。当再生过程的初期结束后，这些细胞又可以重新分化为其他类型的细胞[57]。

仿刺参的再生既有内在的细胞新生驱动，也离不开适宜的环境条件。已有研究表明，黄杆菌科和红杆菌科细菌有助于肠道的再生[89]。黄杆菌科具有低致病性[90]，可以产生具有抗氧化活性的类胡萝卜素[91]。海洋黄杆菌科通常也会产生酶类，从微藻或大型藻类中降解琼脂、岩藻多糖、岩藻糖、海带多糖、木聚糖和卡拉胶[92]。酶类可以直接或间接矿化海水中的各种有机物，增加碳水化合物的产生[89]。先前的研究表明，保留聚羟基丁酸酯（PHB）代谢基因的红杆菌作为 PHB 的生产者[93]，红杆菌科被确定为水生生态系统中与盐生微绿球藻相关的微生物群落的关键类群[94]。

（二）分子生物学方面

Candia 等研究发现，再生过程可分为修复、再生早期和再生后期 3 个阶段；涉及的机制包括细胞增殖、迁移，干细胞等的参与，及生长因子的介入，特别是神经再生因子[95]。当然，海参再生现象的发生受到多个基因的调控，即分子调控机制。最初的策略仅是单个基因的筛选分析，而候选基因常常来自在其他物种中确定的再生或发育的相关基因。至今，在仿刺参再生的分子机制研究中已取得一些进展，并获得了相关基因以及再生期间的表达信息。

2006 年，郑法新构建了仿刺参再生肠组织的 cDNA 文库，并对器官再生过程中室管膜蛋白（ependymin）、枯草杆菌蛋白酶样丝氨酸蛋白酶（subtilisin）以及 C 型凝集素（C-type lectin）的表达进行了研究，发现室管膜蛋白在再生 3 ～ 11 天时高表达，推测其很可能具有促进纤维修复、延长及重新连接的作用，或者为促进新神经元形成的主要分子；枯草杆菌蛋白酶样丝氨酸蛋白酶在再生 3 ～ 9 天时高表达，该蛋白酶很可能对仿刺参吐脏后留下的细胞残体进行降解；C 型凝集素基因在再生 3 ～ 9 小时高表达 [49]。2008 年，陈秋实等以 mRNA 差异显示法对仿刺参术后再生表皮组织中的差异基因进行了分析，得到多个差异片段，并发现 CD151 可能与表皮再生有密切相关 [96]。2010 年，马健对仿刺参再生相关基因的序列及表达进行了分析，发现胰蛋白酶样丝氨酸蛋白酶基因（*trypsin-like serine protease*）在仿刺参多个器官中表达，尤其在肠组织中最高 [97]。2013 年，孙丽娜对 *wnt*6、*hox*6 等基因在消化道再生过程中的表达进行了研究，发现 *wnt*6、*hox*6 在再生初期升高显著，后期逐渐下降至正常水平，推测 *wnt*6 可能激活多个基因来启动消化道再生活动，而 *hox*6 发挥指导前、中及后肠分化的功能 [98]。赵丽娜对延伸因子 1α（EF1α）、清道夫受体富半胱氨酸蛋白 12（SRCR12）在仿刺参纵肌带再生中的表达进行了分析，发现它们在再生 0 ～ 40 天的表达量显著高于正常状态，结合基因的功能分析，推测其对纵肌带的修复具有重要作用 [79]。2014 年，吴阳对仿刺参中纤维蛋白原样蛋白 A（FGL-A）的表达进行了研究，FGL-A 在体壁、肠、呼吸树再生过程中高表达 [99]。梅艳丽发现延伸蛋白 2（ELP2）在仿刺参肠和呼吸树再生过程中的表达变化规律相似，即先上调，随着再生的完成，表达量下调 [100]；2015 年，巴华忠对 *fnia* 和 *tenascin* 在仿刺参肠、呼吸树、体壁再生中的表达进行了研究，得出它们在组织再生过程中高表达，峰值分别出现在肠和呼吸树再生 15 天和 20 天；而在体壁再生的 35 分钟、45 分钟和 5 ～ 7 天出现两次峰值 [101]。2016 年，王怡等对 α- 微管蛋白（α-TUBULIN）在肠再生中的表达进行了研究，发现其在再生 17 天时表达量最大（15.52 倍），推测其参与肠管形成或功能分化 [102]。2017 年，秦艳杰等对仿刺参核糖体蛋白 L30 和 L17 在体壁再生过程中的表达进行了研究，发现二者存在不同，再生 7 天时，RPL30 的表达达到峰值（2.13 倍），其他阶段均低于正常水平；而 RPL17 在再生 2、5 天时均出现峰值（7.47、5.60 倍），其余时期正常 [103]。2018 年，李晓妮对仿刺参肠道再生候选基因的功能进行了分析，发现 *krab*1 可抑制细胞增殖，*fgfr*3、*robo*4、*ripk*1 可促进细胞增殖[104]。

近年来，有研究发现 Wnt/β-catenin 信号通路在海参（*Holothuria glaberrima*）肠细胞增殖中起重要作用，但在肠再生过程中，Wnt/β-catenin 信号通路不参与细胞去分化和凋亡[105]。环状 RNA（CircRNA）含有大量的 miRNA 结合位点，具有 miRNA 海绵功能，进而间接调控 miRNA 下游靶基因的表达。双荧光素酶分析显示，CircRNA8388 作为 miR-2392 的海绵，参与细胞外基质（ECM）的重塑[106]。钙离子和神经活性配体受体的相互作用也参与了仿刺参吐脏后再生的损伤信号传递，并证明自噬、凋亡、去分化、迁移是创伤愈合和早期再生过程中发生的主要事件[52]。

仿刺参再生应该是一个由多位基因参与、相互交错调控的复杂过程，参与的基因应该涵盖原基形成、肌细胞生成以及与人类癌症相关的基因。目前已经积累了与再生相关基因的一些资料，探索再生的确切机制及与生物发育间的关联，还需要对更多再生、发育相关基因的结构特点、作用机制和在通路里的功能进一步探索。

四、研究再生相关基因的意义

棘皮动物因其具有多种特殊能力，以及其所处的特殊分类地位，已经引起科学家的关注，其中海胆已成为科学研究的模式生物，广泛应用于多项研究中。同样，仿刺参因其具有超强的再生能力，以及相对较短的再生周期，已成为生物再生发育、医学再造的关注重点，尤其是为病患器官重生带来了启示。从 20 世纪开始，已有多位学者对仿刺参再生过程中组织学特征进行了研究，并对再生过程中细胞的来源进行了推测和验证。随着分子技术的兴起，相关研究逐渐从组织细胞的形态学转向分子层面，以期查明仿刺参再生的相关机理。例如，仿刺参再生过程中，参与的基因有哪些，这些基因的变化趋势如何，基因之间如何互作。经过多年的研究，一些与再生相关的基因被筛选出，基因的结构、功能等信息也被确定。但是，仿刺参吐脏后再生是一个复杂的过程，其中的分子调控机制还尚在探索过程中，开展再生相关基因的 cDNA 序列结构分析，探究各基因及蛋白的亚细胞定位及在吐脏后肠再生过程中的表达模式，分析再生基因在仿刺参肠再生过程中的调控关系，可进一步了解再生基因在仿刺参再生过程中的调控机制。

参考文献

[1] 杨林彤，黄栋，周建华，等.海参营养价值与主要功效成分的研究进展 [J]. 食品科技，2022，47（2）：168-172.

[2] 舒志强，刘芳，井月欣，等.海参多糖的结构、活性及构效关系研究进展 [J]. 食品科学，2024，45（20）：354-365.

[3] 陈颖，汪树理.海参的化学成分与药理作用研究进展 [J]. 河北渔业，2008，04：6-8.

[4] 杨洋.内源酶对刺参体壁自溶过程中蛋白质降解作用研究 [D]. 大连：大连工业大学，2015.

[5] 刘煜珺，郑杰，刘东竹，等.海参皂苷结构特征及其生物活性和作用机制研究进展 [J]. 食品科学，2024，45（18）：326-341.

[6] 郑龙华，武瑞娜.海参不同加工方法及对其营养成分影响的比较 [J]. 农技服务，2014，31（06）：202.

[7] 黄华伟，王印庚.海参养殖的现状、存在问题与前景展望 [J]. 中国水产，2007，（10）：50-53.

[8] 庞秋婷，刘宁，张云龙，等.中国海参产业链发展现状 [J]. 科技和产业，2024，24（21）：192-197.

[9] 常亚青，丁君，宋坚，等.海参、海胆生物学研究与养殖 [M]. 北京：海洋出版社，2004.

[10] Abe A S. Estivation in South American amphibians and reptiles[J]. Brazilian Journal of Medicaland Biological Research，1995，28：1241-1247.

[11] Land S C，Bernier N J.Estivation，mechanisms and control of metabolicsuppression [M]. Amsterdam，Holland：Elsevier Science，1995.

[12] Withers P C，Cooper C E.Metabolic depression：a historical perspective[J]. Progress in Molecular and Subcellular Biology，2010，49：1-23.

[13] Mitsukuri K.Notes on the habits and life history of *Stichopus japonicus* Selenka [J]. Annot Zool Japan，1903，5：1-21.

[14] 袁秀堂，杨红生，王丽丽，等. 夏眠对刺参 *Apostichopus japonicus*（Selenka）能量收支的影响 [J]. 生态学报，2007，27（8）：3155-3161.

[15] 崔相.海参的研究 [M]. 东京：海文堂出版社，1963.

[16] 隋锡林.海参增养殖 [M]. 北京：中国农业出版社，1990.

[17] Yang H，Hamel J F，Mercier A. The sea cucumber *Apostichopus japonicus*[J]. History，Biology and Aquaculture，2015，1：58.

[18] 刘永宏，李馥馨，宋本祥，等.刺参夏眠习性研究：Ⅰ.夏眠生态特点的研究 [J]. 中国水产科学，1996，3（2）：41-48.

[19] 李馥馨，刘永宏，宋本祥，等.刺参夏眠习性研究：Ⅱ.夏眠致因的探讨 [J]. 中国水产科学，1996，3（2）：49-57.

[20] 李霞，王霞.仿刺参在实验性夏眠过程中消化道和呼吸树的组织学变化 [J]. 大连水产学院学报，2007，22（2）：81-85.

[21] Yuan X T，Yang H S，Wang L L，et al. Effects of aestivation on the energy budget of sea cucumber *Apostichopus japonicus*（Selenka）（Echinodermata，Holothuroidea）[J]. Acta Ecologica Sinca，2007，27：3155-3161.

[22] Ji T T，Dong Y W，Dong S L.Growth and physiological responses in the sea cucumber，*Apostichopus japonicus* Selenka：aestivation and temperature[J]. Aquaculture，2008，283（1/2/3/4）：180-187.

[23] Zhu B W，Zheng J，Zhang Z S，et al.Autophagy plays a potential role in the process of sea cucumber body wall "melting" induced by UV irradiation[J]. Wuhan University Journal of Natural Sciences，2008，13（2）：232-238.

[24] 郑杰. 海参自溶过程中生化变化及抗氧化活性寡肽的研究 [D]. 镇江：江苏大学，2012.

[25] 朱蓓薇，韩冰. 海参自溶酶的分离纯化和部分性质研究 [J]. 食品与发酵工业，2004，30（4）：132-134.

[26] Wu H T，Li D M，Zhu B W，et al.Proteolysis of noncollagenous proteins in sea cucumber，*Stichopus japonicus*，body wall：characterisation and the effects of cysteine protease inhibitors[J].Food Chemistry，2013，141（2）：1287-1294.

[27] Gao F，Yang H S，Xu Q，et al. Effect of water temperature on digestive enzyme activity and gut mass in sea cucumber *Apostichopusjaponicus*，with special reference to aestivation[J].Chinese Journal of Oceanology and Limnology，2009，27（4）：714-722.

[28] Sun L M，Zhu B W，Wu H T，et al. Purification and characterization of cathepsin B from the gut of the sea cucumber（*Stichopus japonicus*）[J].Food Science and Biotechnology，2011，20（4）：919-925.

[29] Fu X Y，Xue C H，Miao B C，et al. Study of a highly alkaline protease extracted from digestive tract of sea cucumber（*Stichopus japonicus*）[J].Food Research International，2005，38（4）：323-329.

[30] McGettigan S，Canning M，O′Cuinn G，et al. Peptide hydrolases in holothurian intestinal mucosa [J]. Comparative Biochemistry and Physiology Part C：Comparative Pharmacology，1981，69（4）：169-170.

[31] 齐申，吴海涛，王成成，等. 刺参肠内源酶对体壁胶原蛋白的降解作用 [J]. 大连工业大学学报，2017，36（05）：313-317.

[32] Byrne M. The morphology of autotomy structures in the sea cucumber *Eupentacta quinquesemita* before and during evisceration[J]. Journal of Experimental Biology，2001，204（5）：849-863.

[33] Byrne M. The life history of the gastropod *Thyonicola americana* Tikasingh，endoparasitic in a seasonally eviscerating holothurian host[J]. Ophelia，1985，24（2）：91-101.

[34] Byrne M. Evisceration behaviour and the seasonal incidence of evisceration in the holothurian *Eupentacta quinquesemita*（Selenka）[J]. Ophelia，1985，24（2）：75-90.

[35] Astall C M，Jones M B. Respiration and biometry in the sea cucumber *Holothuria forskali* [J]. Journal of the Marine Biological Association of the UK，1991，71（1）：73-81.

[36] 聂竹兰，李霞. 海参再生的研究 [J]. 海洋科学，2006，30（5）：78-82.

[37] 陈雷，姚锋，唐爽，等. 刺参多功能表皮生长因子 6（megf6）cDNA 克隆及在肠再生过程中的表达分析 [J]. 大连海洋大学学报，2020，35（02）：239-246.

[38] Motokawa T.Connective tissue catch in echinoderms[J]. Biological Reviews，1984，59（2）：255-270.

[39] Wilkie I C. The juxtaligamental cells of Ophiocomina nigra（Abilgaard）（Echinodermata，Ophiuroidea）and their possible role in mechano-effector function of collagenous tissue[J]. Cell and Tissue Research，1979，197：516-530.

[40] Smith G N. Regeneration in the sea cucumber Leptosynapta. Ⅰ. The process of regeneration[J]. Journal of Experimental Zoology，1971，177（3）：319-329.

[41] Smith G N. Regeneration in the sea cucumber Leptosynapta. Ⅱ. The regenerative capacity[J]. Journal of

Experimental Zoology，1971，177（3）：331-342.
[42] Smith G N，Greenberg M J. Chemical control of the evisceration process in thyone briareus[J]. The Biological Bulletin，144（2），421-436.
[43] Emson R H，Wilkie I C. Fission and autotomy in echinoderms[J]. Oceanogr Mar Biol A Rev，1980，18：155-250.
[44] Motokawa T. Catch connective tissue：a key character for echinoderms′ success[J]. Rotterdam：Balkema. 1988：39-54.
[45] Mcgovern T M.Plastic Reproductive Strategies in a Clonal Marine Invertebrate [J].Proceedings of the Royal Society Biological Sciences，2003，270（1532）：2517.
[46] Rubilar T，De Ward C T，De Vivar M E，et al. Sexual and asexual reproduction of Allostichaster capensis（Echinodermata，Asteroidea）in Golfo Nuevo[J]. Marine Biology，2005，146（6）：1083-1090.
[47] Pearseas.Autotomy inholothurians[J] .The Biological Bulletin，1909，18：42-49.
[48] 聂竹兰，李霞 . 仿刺参横切再生的研究 [J]. 大连海洋大学学报，2008，2（1）：77-80.
[49] 郑法新 . 刺参器官再生的组织学与相关基因研究 [D]. 青岛：中国海洋大学，2006.
[50] Bai M M. Regeneration in the holothurian，Holothuria scabra Jager.[J]. Indian Journal of Experimental Biology，1971，9（4）：467-471.
[51] Shukalyuk A I，Dolmatov I Y. Regeneration of the Digestive Tube in the Holothurian Apostichopus japonicusafter Evisceration[J]. Russian Journal of Marine Biology，2001，27（3）：168-173.
[52] Su F，Dolmatov I Y，Cui W，et al.Molecular dynamics and spatial response of proliferation and apoptosis in wound healing and early intestinal regeneration of sea cucumber *Apostichopus japonicus* [J]. Developmental and Comparative Immunology，2025，162.
[53] Daw bin W H .Auto-eviscerati on and the regeneration of viscera in the holothurian S*tichopus mollis*（Hutton）[J].Transactions of the Royal Society of New Zealand，1949，77：497-523.
[54] 崔龙波，董志宁 . 仿刺参消化系统的组织学和组织化学研究 [J]. 动物学杂志，2000，35：2-4.
[55] Fish J D. The digestive system of the holothurian，Cucumaria elongata. I. Structure of the gut and hemal system[J]. The Biological Bulletin，1967，132（3）：337-353.
[56] Farmanfarmaian A. Intestinal absorption and transport in Thyone. I. Biological aspects[J]. The Biological Bulletin，1969，137（1）：118-131.
[57] García-Arrarás J E，Estrada-Rodgers L，Santiago R，et al. Cellular mechanisms of intestine regeneration in the sea cucumber，*Holothuria glaberrima* Selenka（Holothuroidea，Echinodermata）[J]. Journal of Experimental Zoology，1998，281：288-304.
[58] Mashanov V S，Garciaarraras J E. Gut Regeneration in Holothurians：A Snapshot of Recent Developments[J]. The Biological Bulletin，2011，221（1）：93-109.
[59] San Miguelruiz J E，Garciaarraras J E. Common cellular events occur during wound healing and organ regeneration in the sea cucumber Holothuria glaberrima[J]. BMC Developmental Biology，2007，7（1）：115-115.
[60] 孙修勤，郑法新，张进兴 . 海参纲动物的吐脏再生 [J]. 中国海洋大学学报，2005，35（5）：719-724.
[61] Dolmatov I Y，Ginanova T T. Post-autotomy regeneration of respiratory trees in the holothurian *Apostichopus japonicus*（Holothuroidea，Aspidochirotida）[J]. Cell and Tissue Research，2009，336（1）：41-58.
[62] Dolmatov I Y，Eliseikina M G，Bulgakov A A，et al.Muscle regeneration in the holothurian *Stichopus ja-*

ponicus [J]. Rouxs Archives of Developmental Biology，1996，205：486-493.

[63] Mozzi D，Dolmatov I Y，Bonasoro F，et al. Visceral regeneration in the crinoid Antedon mediterranea：basic mechanisms，tissues and cells involved in gut regrowth[J].Cent EurJ Biol，2006（1）：609-635.

[64] Dolmatov I Y，Ginanova T T. Post-autotomy regeneration of respiratory trees in the holothurian *Apostichopus japonicus*（Holothuroidea，Aspidochirotida）[J]. Cell and Tissue Research，2009，336（1）：41-58.

[65] Dolmatov I Y. Regeneration of the aquapharyngeal complex in the holothurian Eupentacta fraudatrix（Holothuroidea：Dendrochirota）[J]. Monograph Developmental Biology，1992，23：40-50.

[66] 李霞，周海燕，秦艳杰，等 . 仿刺参体壁再生形态学和组织学的研究 [J]. 大连海洋大学学报，2011，26（4）：287-290.

[67] 张鹗，洗建中 . 真骨鱼类皮肤角质化衍生物——单细胞角质突起 [J]. 动物学杂志，1999，34（1）：43-47.

[68] 林惠芬 . 表皮角质层的更新及其测定 [J]. 日用化学工业，1998，2（1）：43-45.

[69] Ginanova T T. Participation of the coelomic epithelium of the body wall in muscle regeneration in *Apostichopus japonicus*（Holothuroidea，Aspidochirota）[J]. Russian Journal of Marine Biology，2007，33（6）：411-416.

[70] Sun L N，Chen M Y，Yang H S，et al. Large scale gene expression profiling during intestine and body wall regeneration in the sea cucumber *Apostichopus japonicus* [J]. Comparative Biochemistry and Physiology Part D：Genomics and Proteomics，2011，6（2）：195-205.

[71] Leibson N L. Regeneration of digestive tube in holothurians *Stichopus japonicus* and *Eupentacta fraudatrix* [J]. Monograph Developmental Biology，1992，23：51-61.

[72] Reinschmidt D C. Regeneration in the sea cucumber Thyonella gemmata（Pourtales）[D]. USA：Florida State University，1969.

[73] 朱峰 . 仿刺参 *Apostichopus japonicus* 胚胎发育和主要系统的组织学研究 [D]. 青岛：中国海洋大学，2009.

[74] Kille F R. Regeneration of the reproductive system following binary fission in the sea-cucumber Holothuria parvula（Selenka）[J]. The Biological Bulletin，1942，83：55-66.

[75] Van denspiegel D，Jangoux M，Flammang P，et al. Maintaining the line of defense：regeneration of Cuvierian tubules in the sea cucumber *Holothuria forskali*（Echinodermata，Holothuroidea）[J]. The Biological Bulletin，2000，198（1）：34-49.

[76] 李霞，聂竹兰，魏杰 . 仿刺参体壁表皮再生组织学和超微结构观察 [J]. 中国水产科学，2007，14（7）：1-6.

[77] 王霞，李霞 . 仿刺参消化道的再生形态学与组织学 [J]. 大连海洋大学学报，2007，22（5）：340-346.

[78] 桂建芳，易梅生 . 发育生物学 [M]. 北京：科学出版社，2002：426-430.

[79] 赵丽娜 . 仿刺参纵肌带的再生及相关基因表达分析 [D]. 大连：大连海洋大学，2013.

[80] 刁明月，张春艳，左玲玲，等 . 刺参尾部再生过程中形态组织细胞学初步研究 [J]. 中国渔业质量与标准，2015，5（5）：19-25.

[81] Karalaki M，Fili S，Philippou A，et al. Muscle regeneration：cellular and molecular events[J]. In Vivo，2009，23（5）：779-796.

[82] Gisela Murray G，Garciaarraras J E. Myogenesis during holothurian intestinal regeneration[J]. Cell and Tissue

Research，2004，318（3）：515-524.
[83] Suarez-Castillo E C，Medina-Ortiz W E，et al. Ependymin，a gene involved in regeneration and neuroplasticity in vertebrates，is overexpressed during regeneration in the echinoderm *Holothuria glaberrima* [J]. Gene，2004，334：133-143.
[84] Dolmatov I Y，Ginanova T T. Muscle regeneration in holothurians.[J]. Microscopy Research and Technique，2001，55（6）：452-463.
[85] Dolmatov I Y，Ivantey V A. Longitudinal muscle band histogenesis in holothurians[J]. Russian Journal Of Developmental Biology，1993，24（6）：401-405.
[86] Gibson A W，Burke R D. Gut regeneration by morphallaxis in the sea cucumber *Leptosynapta clarki*（Heding，1928）[J]. Canadian Journal of Zoology，1983，61（12）：2720-2732.
[87] 郑法新，孙修勤，张进兴 . 仿刺参吐脏再生的组织学研究 [J]. 中国水产科学，2006，13（1）：134-139.
[88] Tracey D J. Evisceration and regeneration in Thyone okeni（Bell，1884）[J]. Proceedings of the Linnean Society of New South Wales，1972，97：72-81.
[89] Zhang H X，Wang Q，Zhao J M，et al.Quantitative microbiome profiling links microbial community variation to the intestine regeneration rate of the sea cucumber *Apostichopus japonicus* [J]. Genomics，2020，112（6）：5012-5020.
[90] Jooste P J，Hugo C J.The taxonomy，ecology and cultivation of bacterial genera belonging to the family Flavobacteriaceae[J].International Journal of Food Microbiology，1999，53（2-3）：81-94.
[91] Shindo K，Kikuta K，Suzuki A，et al. Rare carotenoids，（3R）-saproxanthin and（3R，2'S）-myxol，isolated from novel marine bacteria（Flavobacteriaceae）and their antioxidative activities[J]. Applied microbiology and biotechnology，2007，74（6）：1350-1357.
[92] Sakai T，Kimura H，Kato I. A Marine Strain of Flavobacteriaceae Utilizes Brown Seaweed Fucoidan[J]. Marine Biotechnology，2002，4（4）：399-405.
[93] Yamazaki Y，Meirelles P M，Mino S，et al. Individual *Apostichopus japonicus* fecal microbiome reveals a link with polyhydroxybutyrate producers in host growth gaps [J]. Scientific Reports，2016，6：21631.
[94] Geng H F，Tran-Gyamfi M B，Lane T W，et al. Changes in the structure of the microbial community associated with Nannochloropsis salina following treatments with antibiotics and bioactive compounds Front[J]. Frontiers in Microbiology，2016，7：1155.
[95] Carnevali M D，Bonasoro F. Introduction to the biology of regeneration in echinoderms[J]. Microscopy Research and Technique，2001，55（6）：365-368.
[96] 陈秋实，李霞，段晶晶，等 . 利用差异显示法研究仿刺参表皮再生相关基因 [J]. 生物技术通报，2008（6）：124-127.
[97] 马健 . 刺参再生相关基因的序列分析与表达 [D]. 大连：辽宁师范大学，2010.
[98] 孙丽娜 . 仿刺参 *Apostichopus japonicus*（Selenka）消化道再生的组织细胞特征与关键基因分析 [D]. 北京：中国科学院大学，2013.
[99] 吴阳 . *Aj-fgla* 基因在仿刺参再生过程中的表达分析 [D]. 大连：辽宁师范大学，2014.
[100] 梅艳丽 . 延伸蛋白 2 基因在仿刺参再生过程中的表达分析 [D]. 大连：辽宁师范大学，2014.
[101] 巴华忠 . 细胞外基质相关蛋白表皮生长因子和肌腱蛋白在仿刺参再生过程中的表达分析 [D]. 大连：辽宁师范大学，2015.

[102] 王怡，高银雪，湛垚垚，等.α-tubulin 基因的克隆、生物信息学分析及其在仿刺参肠道再生过程中的表达模式 [J]. 水产学报，2016，40（4）：547-556.

[103] 秦艳杰，王文文，王艳枫，等. 仿刺参体壁再生过程中两个核糖体蛋白基因的表达差异 [J]. 海洋通报，2017，36（2）：174-181.

[104] 李晓妮. 仿刺参肠道再生的 DNA 甲基化调控解析及再生候选基因的功能分析 [D]. 北京：中国科学院大学，2018.

[105] Alicea-Delgado M，José E. García-Arrarás.Wnt/β-catenin signaling pathway regulates cell proliferation but not muscle dedifferentiation nor apoptosis during sea cucumber intestinal regeneration[J].Developmental Biology，2021，480：105-113.

[106] Su F，Huo D，Yang H S，et al. CircRNA8388 functions as the sponge for miR-2392 during intestinal regeneration in sea cucumber *Apostichopus japonicus* [J]. International Journal of Biological Macromolecules，2024，274（2）：133302.

第二章 仿刺参再生早期转录组学

第一节　仿刺参再生早期转录组的构建

一、转录组学与仿刺参再生

转录组学是随着分子时代的来临而发展起来的，其是研究生物个体的细胞、组织在不同生理阶段转录本信息的一项技术，并已被广泛应用[1]，其中利用转录组学方法探究生物体响应非生物因素胁迫的分子机制已成为研究热点[2]。转录组是所有转录本的集合，含编码蛋白的 mRNA、rRNA、tRNA 等[3]。转录组的数据信息会随着生物体的发育、生长或生存环境的变化而发生改变，因此特定时期、阶段的转录组信息可以为研究生物体内部的相关响应机制、外部作用机制提供线索。当今，使用的高通量测序，其数据量大，以该技术获得的数据覆盖广、精度高、完整性强、特异性强。

仿刺参的再生能力强，多位学者已在其再生过程中的形态学、组织学、基因筛选及表达变化方面进行了研究，关于再生机制的探索仍在进行中。因为仿刺参的再生过程是一个由多基因参与调控的复杂生理过程，所以仿刺参基因组、转录组等基因全局信息资料对阐释再生机制是必不可少的。2009 年，Ortizpineda 等人在 EST 库的基础之上利用芯片技术构建了海参（*Holothuria glaberrima*）再生第 3 天、7 天、14 天的连续表达谱，并获取了相关的基因资料[4]。孙丽娜在 2013 年首次利用 454 高通量技术建立仿刺参体壁再生第 4 天、消化道再生第 7 天的转录组数据库以及构建了再生过程中的表达谱，并对筛选出的可能与再生相关的 *wnt*6、*hox*6、*rap*、*hmg* 进行了克隆[5]。肠道是生物的重要免疫器官之一，介导非特异性免疫防御功能，对维持机体稳态不可或缺[6]。建立仿刺参肠再生期间转录组，可为后续进行再生相关基因的筛选、目标基因的信息学研究提供参考资料，为丰富再生研究的分子信息资料、揭示再生的调控机制提供基础依据。

二、仿刺参 DNA 文库的获得

选用 2 龄仿刺参 12 头，向每头体腔内注射 0.35mol/L KCl 溶液 0.5 ～ 1.5mL，直至刺激其排出内脏（图 2-1），继续饲养，并于再生 5d、10d 后解剖取出再生的肠组织，迅速冷冻于 −80℃冰箱中。以未经 KCl 刺激处理的个体作为对照组。提取总 RNA，利用 1.5% 的琼脂糖凝胶电泳辅助检测，将质量合格的样品（图 2-2）于 −80℃保存。用 mRNA 富集法纯化得到所需 RNA；片段化处理 RNA，反转录、成双链 DNA；DNA 末端补平及 5′端磷酸化，3′端突出“A”的黏性末端，再连接凸出“T”的接头；PCR 扩增连接产物；产物热变性为单链，由桥式引物将单链 DNA 环化（图 2-3）。

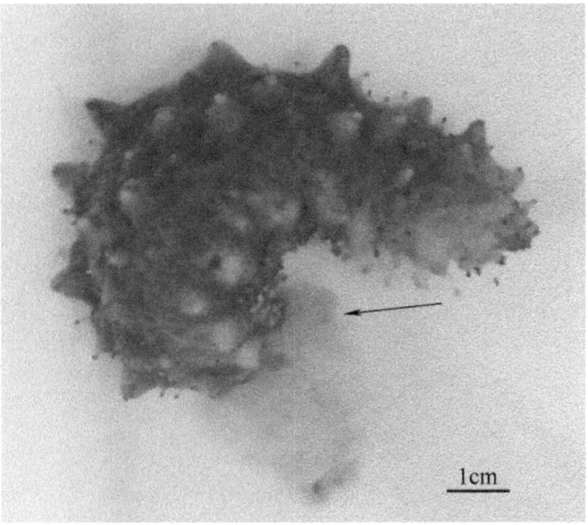

图 2-1　仿刺参排脏

箭头所指为仿刺参吐出的内脏

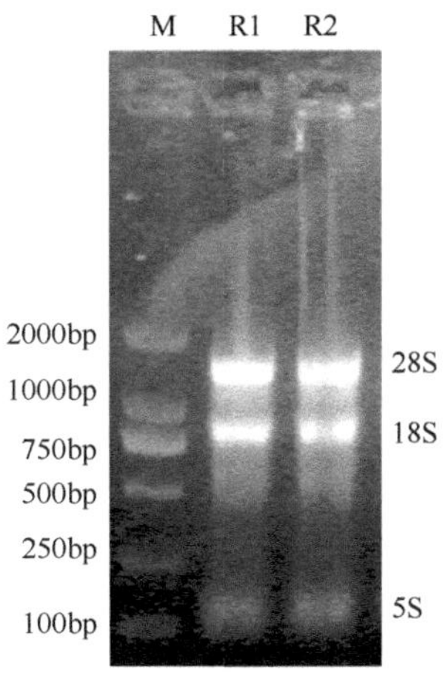

图 2-2　质量合格的总 RNA 条带

M 为 DNA Marker；R1、R2 代表提取的 RNA 样品 1、2

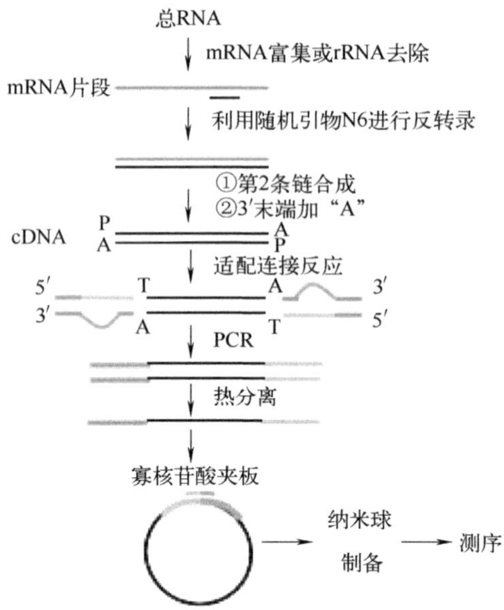

图 2-3　测序前获得 DNA 文库的流程

三、高通量测序

使用 BGISEQ-500 平台（华大基因，中国）对再生 5d、再生 10d 以及对照组样品进行高通量测序。具体包括数据过滤、基因组比对、参考基因比对、整体性分析、样本相关性（Pearson）分析、参照 Audic 和 Claverie 建立的差异基因检测方法[7]筛选差异表达基因、GO（Gene ontology）和通路（Pathway）富集分析（GO 与 Pathway 富集分析的方法相同，P 值计算方法见式 2-1），对 P 进行 FDR 校正，以 Q ≤ 0.05 视为显著富集（Q 为经 FDR 校正后的 P 值），详细分析过程见图 2-4。

$$P = 1 - \sum_{i=0}^{m-1} \frac{\binom{M}{i}\binom{N-M}{n-i}}{\binom{N}{n}} \tag{2-1}$$

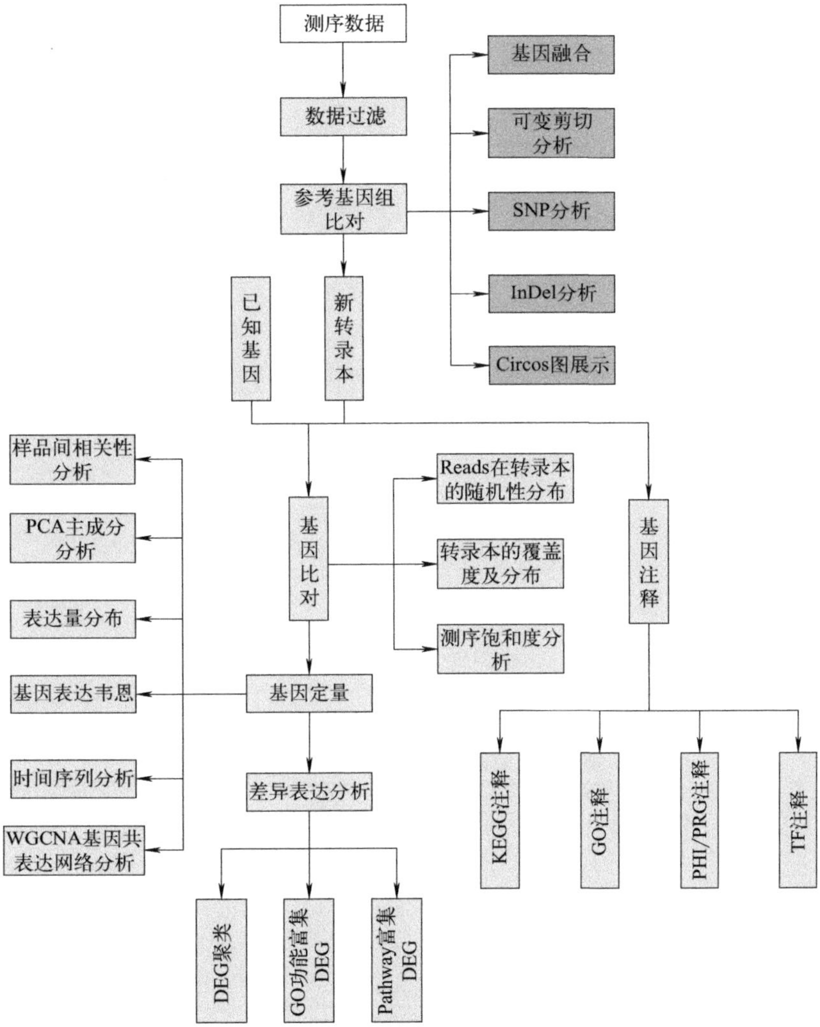

图 2-4　转录组数据分析流程

四、数据过滤后的 reads 情况

对照组（N）、再生 5d 组（5d）、再生 10d 组（10d）三组样品分别产出 6.57GB、6.53GB、6.45GB 数据。三组的原始序列（Raw Reads）均为 50.83×10^6 条，经数据过滤，得到过滤后序列（Clean Reads）分别为 43811752 条、42987312 条、43507122 条。数据过滤掉的成分见表 2-1，过滤后序列（Clean Reads）情况见表 2-2。过滤后序列数据的碱基含量、碱基质量分布见图 2-5、图 2-6。

N、5d、10d 三组样品共检测到表达的基因数量为 27766 个，其中已知基因 24966 个，预测到新基因 2800 个；N 组中表达基因 24005 个，其中预测的新基因 2511 个；5d 组中表达基因 24558 个，其中预测的新基因 2474 个；10d 组中表达基因 23224 个，其中预测的新基因 2431 个；三组共同表达的基因 19908 个（图 2-7）。共得到 29848 个新转录本，包括 11726 个已知蛋白编码基因的、新可变剪接亚型，2906 个新蛋白编码基因的转录本和 15216 个长链非编码 RNA。

表 2-1　原始数据过滤掉的成分统计

组别	原始序列	无法确定序列		接头序列		质量不达标序列		过滤后序列	
	条数 / 条	条数 / 条	百分比 /%	条数 / 条	百分比 /%	条数 / 条	百分比 /%	条数 / 条	百分比 /%
N	50832418	1923534	3.78	3175022	6.25	1922110	3.78	43811752	86.19
5d	50832418	1939114	3.81	4107424	8.08	1798568	3.54	42987312	84.57
10d	50832418	2095574	4.12	3233162	6.36	1996560	3.93	43507122	85.59

表 2-2　原始序列过滤后的数据信息

序号	样品	原始序列 /M	过滤后序列 /M	过滤后数据量 /GB	过滤后序列		
					Q20/%	Q30/%	比率 /%
1	N	50.83	43.81	6.57	95.56	86.81	86.19
2	5d	50.83	43.51	6.53	95.53	86.78	85.59
3	10d	50.83	42.99	6.45	95.73	87.27	84.57

注：Q20 表示测序碱基识别错误率为 1%，Q30 表示识别错误率为 1%。

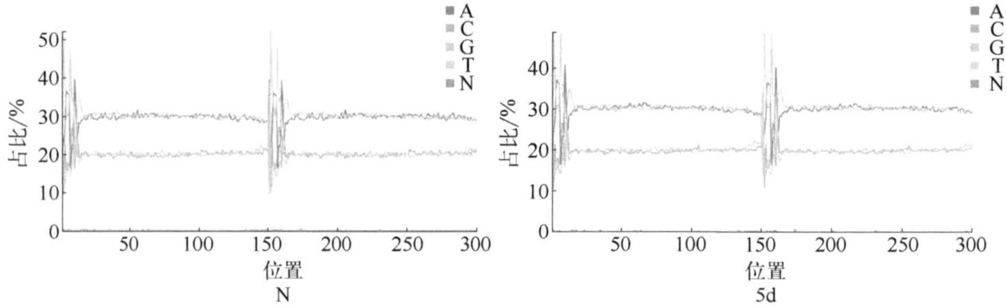

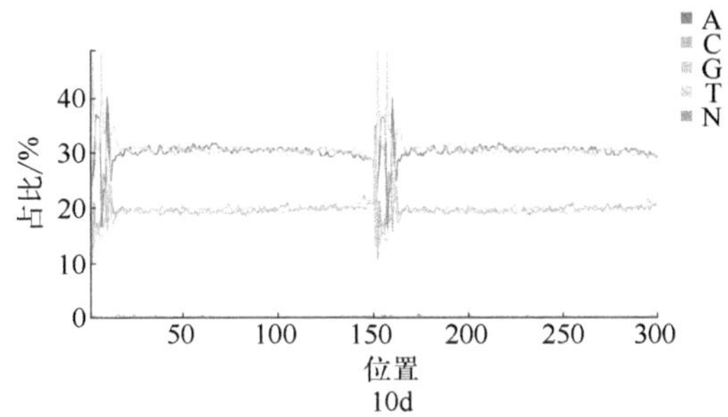

图 2-5　过滤后序列碱基含量分布

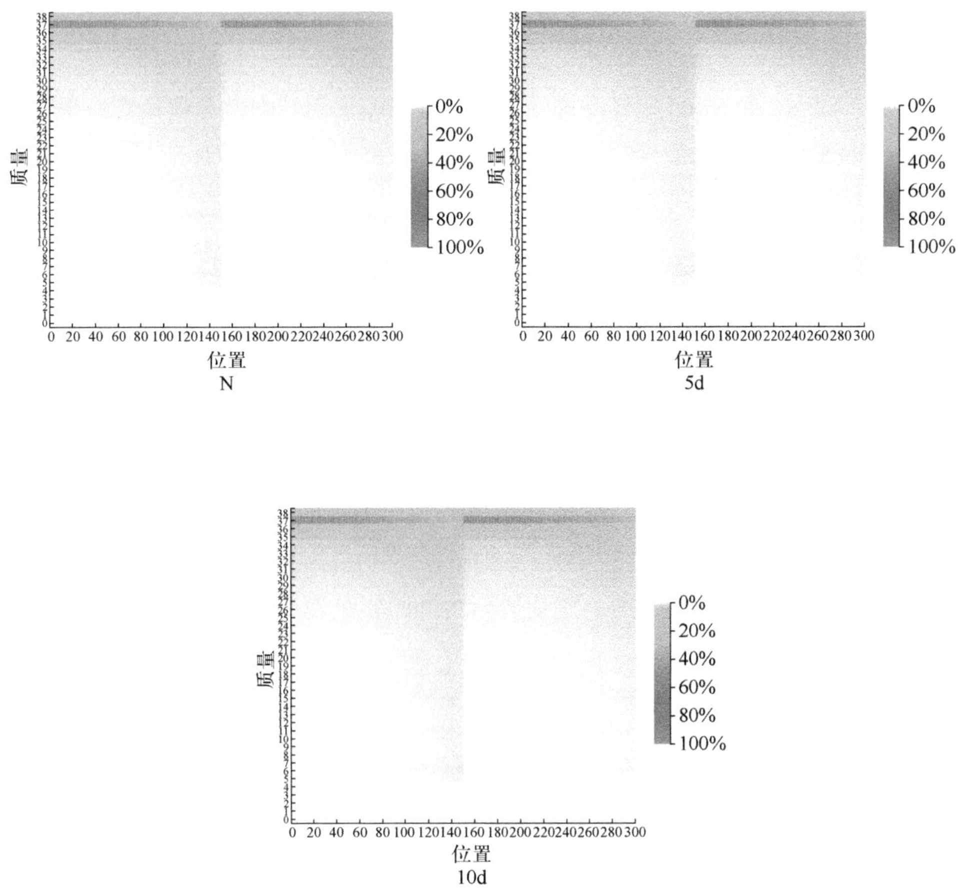

图 2-6　过滤后序列碱基质量分布

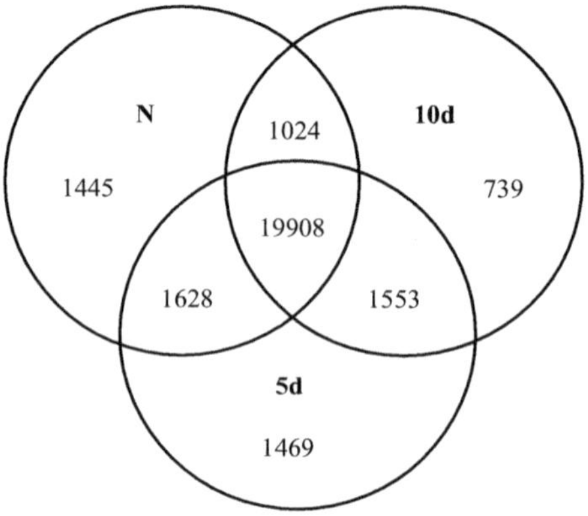

图 2-7　N、5d、10d 三组样本表达的 Venn 图

五、参考基因组、基因比对

对 N、5d、10d 组样品的结果进行参考基因组比对，总体比对结果分别为 44.80%、42.82%、45.42%，平均值为 44.35%；单一比对结果为 18.14%、17.10%、18.67%，平均值为 17.97%（表 2-3）。

表 2-3　N、5d、10d 组与参考基因组比对结果

序号	样品	过滤后序列 /M	总体比对结果 /%	单一比对结果 /%
1	N	43.81	44.80	18.14
2	5d	42.99	45.42	18.67
3	10d	43.51	42.82	17.10

利用软件 Bowtie2，将 N、5d、10d 组过滤后序列比对参考基因的总体比对结果分别为 31.95%、27.43%、25.70%，平均值为 28.36%；单一比对结果为 25.83%、21.95%、20.62%，平均值为 22.80%，见表 2-4。

表 2-4　N、5d、10d 组与参考基因集比对结果

序号	样品	过滤后序列 /M	总体比对结果 /%	单一比对结果 /%
1	N	43.81	31.95	25.83
2	5d	42.99	27.43	21.95
3	10d	43.51	25.70	20.62

三组基因组、基因集的平均比对率分别是 44.35%、28.36%；共检测到表达基因 27766 个。对照组 N 与 5d、10d 组样本的 Pearson 相关系数分别为 0.441、

0.356，而 5d 组、10d 组的样本相关性为 0.972，可见两个再生样本的基因表达相似性高，而且 5d 组中上调的基因数量高于 10d 组，分析原因可能与再生初期肠原基构建、形成为主要事件，而且涉及的相关生理机理更多，而之后主要涉及肠的生长、分化。通过仿刺参再生组（5d、10d）与对照组的转录组数据对比分析，获得了肠再生过程中相关基因的表达规律，同时可以看出仿刺参肠再生过程是由多个基因参与调控来实现的。

第二节　仿刺参再生早期转录组分析

一、过滤后序列整体分析

对过滤后序列进行整体分析，包括随机性分析，覆盖度、饱和度分析。随机性分析：N、5d、10d 三组的多数转录本能被完整覆盖，且序列在各区域内均匀分布（图 2-8）。覆盖度、饱和度分析：随着测序量的增加，识别的基因数变多，当测序量达到 50×100K 后，基因数增加变慢，表明识别的基因数近于饱和（图 2-9、图 2-10）。从饱和度曲线可看出，三组样本的转录组大小存在一定差异，即 N ＞ 5d ＞ 10d。对参考转录组的序列长度进行统计，转录本共 24966 条，其中序列长度≥ 3000nt 的转录本数量最多，为 3767 条，第二位的为 500 ～ 600nt（1716 条），最少的 2900 ～ 3000nt（222 条）（图 2-11）。

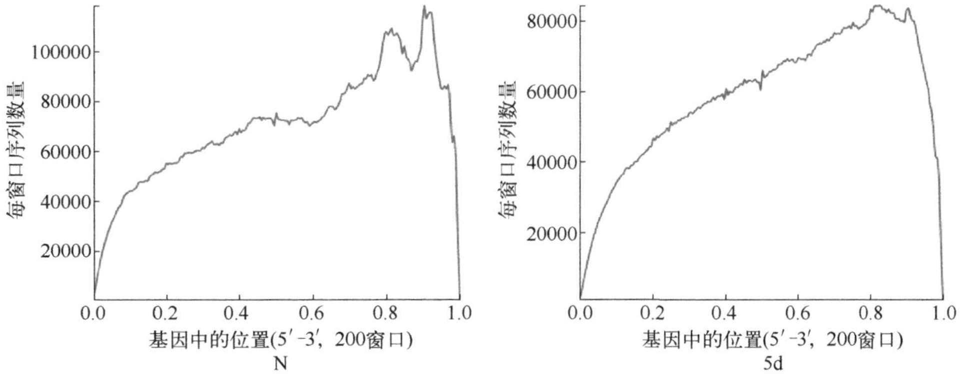

图 2-8

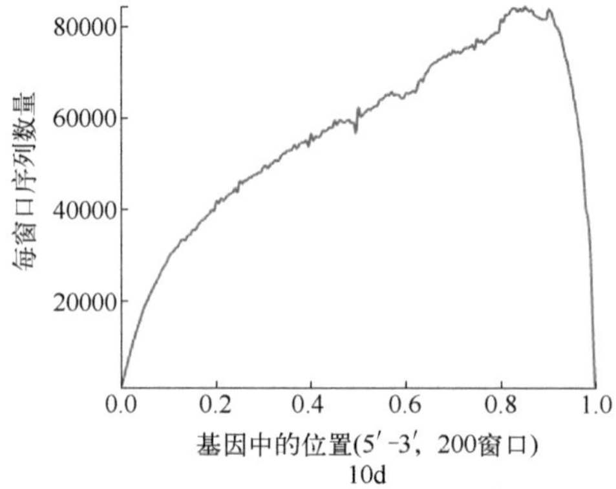

图 2-8 序列在转录本上的分布

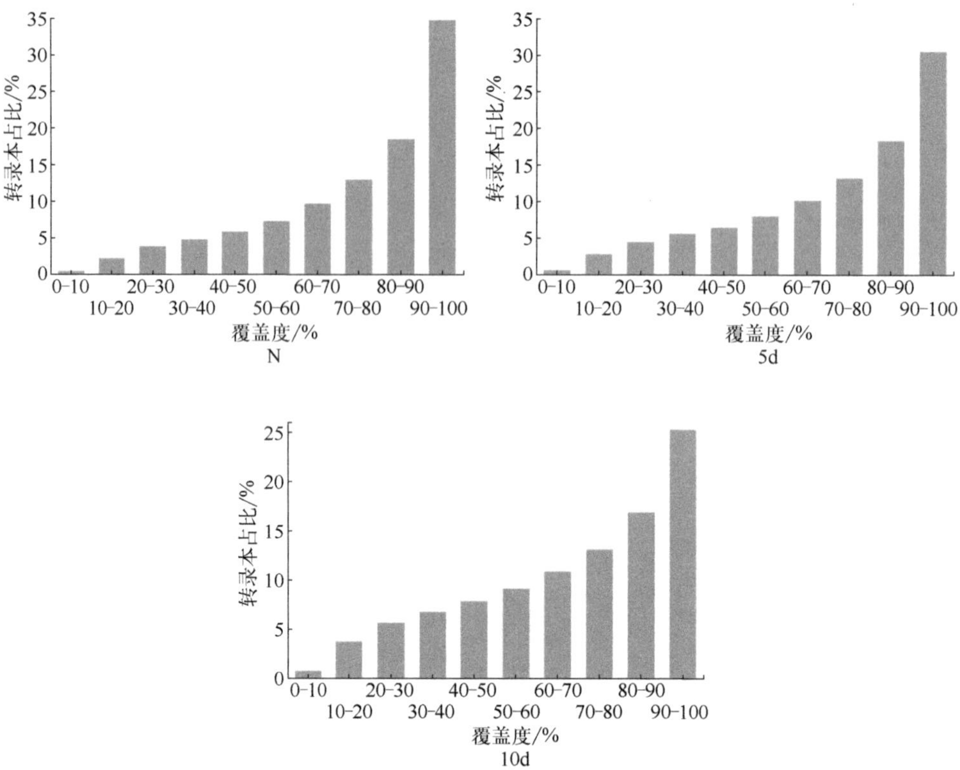

图 2-9 转录本的序列覆盖度

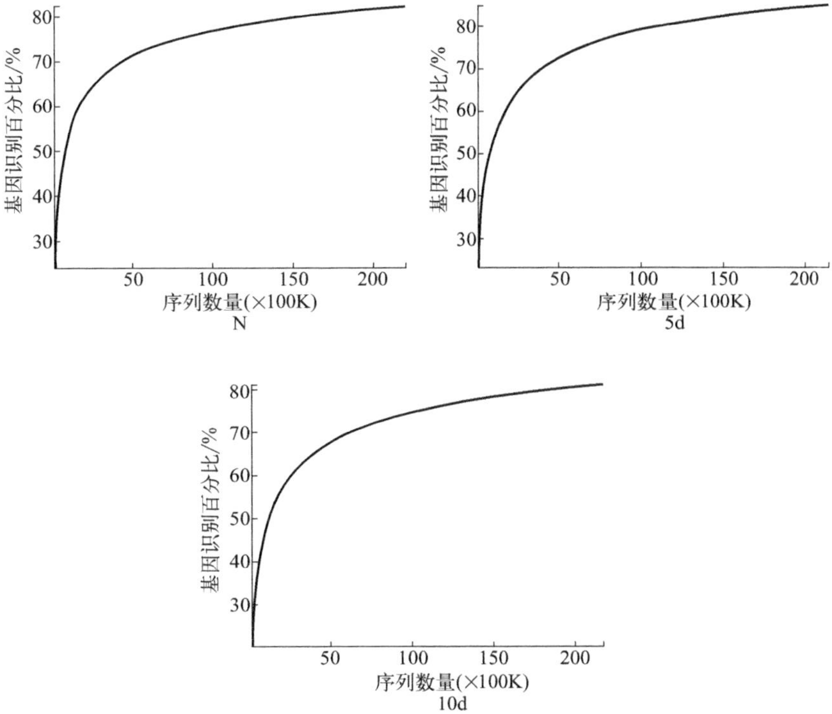

图 2-10　测序饱和度曲线情况

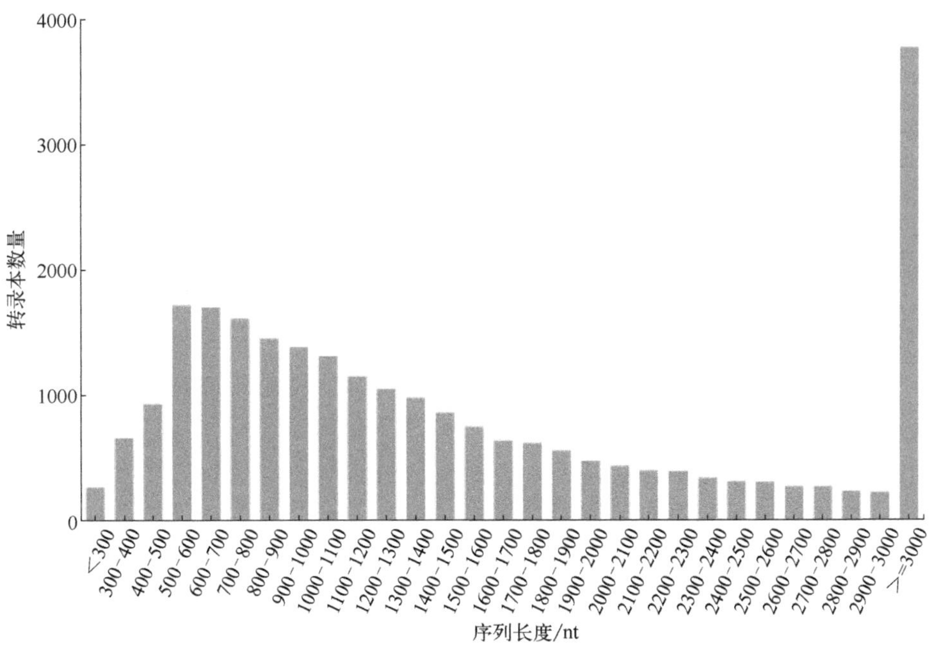

图 2-11　转录本的长度分布

二、基因所属转录因子家族分类

预测了具有编码转录因子（TF）能力的基因，同时对其所属的家族进行分类。预测了 3836 个基因，属 69 个家族，其中 zf-C2H2 家族最多为 887 个，其次是 Homeobox 的 403 个，最少的是 AP-2、C/EBP、COE、CP2、GCM、HMGI/HMGY、HPD、NDT80/PhoG、P53 9 个家族，均为 1 个（图 2-12）。

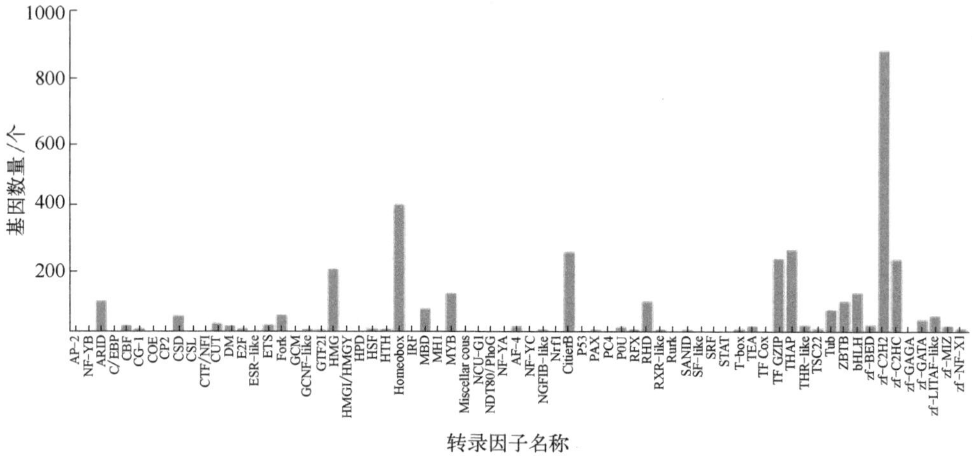

图 2-12　基因所属转录因子家族统计

三、样本相关性分析

N 组与 5d、10d 组样本的皮尔逊（Pearson）相关系数分别为 0.441、0.356，而 5d、10d 组的样本相关性为 0.972。皮尔逊相关系数准确地反映出 N、5d、10d 组样本间基因表达的相关性，由此可以说明 5d、10d 组样本的基因表达与 N 组有很大差异，而 5d 与 10d 组间的差异相对较小，基因表达水平比较相似（图 2-13）。可见仿刺参吐脏后再生过程中，多个基因的表达情况发生了变化。

四、基因表达量分析

N 组基因的 $\log_{10}$（FPKM）值为 0.0043 ～ 2.1740，中位值为 0.6551；而 5d 组基因的 $\log_{10}$（FPKM）值为 0.0043 ～ 2.2214，中位值为 0.6551；10d 组样本的 $\log_{10}$（FPKM）值为 0.0043 ～ 2.1725，中位值为 0.5988（图 2-14）。将三组的基因 FPKM 按照 FPKM ≤ 1、1 < FPKM < 10、FPKM ≥ 10 三个区间

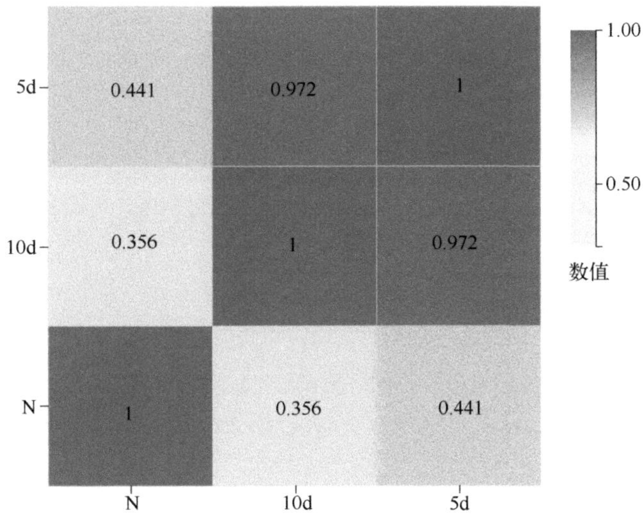

图 2-13 再生组与对照组间基因总体表达情况的相关性

进行统计，发现 N、5d、10d 组的多数基因属于 1 < FPKM < 10，数量分别为 11849 个、11837 个、10931 个；而 FPKM ≤ 1 的基因数量分别为 6017 个、6217 个、6649 个，FPKM ≥ 10 的基因数量分别为 6139 个、6504 个、5644 个（图 2-15）。各组的基因表达量呈正态分布，反映了再生 5d、10d 时基因的表达是在仿刺参正常的基因表达分布范围内，再生过程中并未出现过激现象。与 N 组相比，5d 组中上调、下调基因数量分别为 5255、3849 个；10d 组为 4179、4780 个。可见，再生 5d 组上调基因数量更多（图 2-16）。

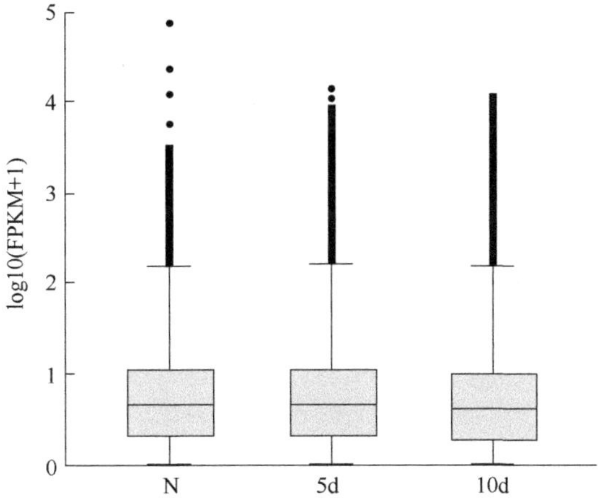

图 2-14 N、5d、10d 组基因表达量的箱线图

基因表达水平（FPKM）= cDNA 片段 ÷[比对上序列（Millions）× 转录本长度（kb）]

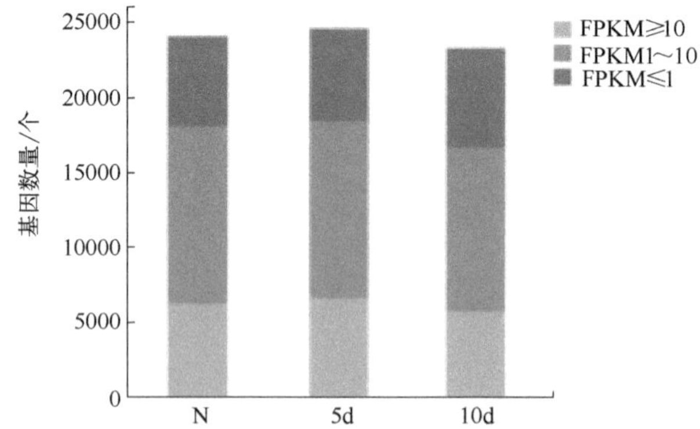

图 2-15 N、5d、10d 组基因表达量堆积图

FPKM ≤ 1、1 < FPKM < 10、FPKM ≥ 10 分别代表极低、较低、中高表达的基因

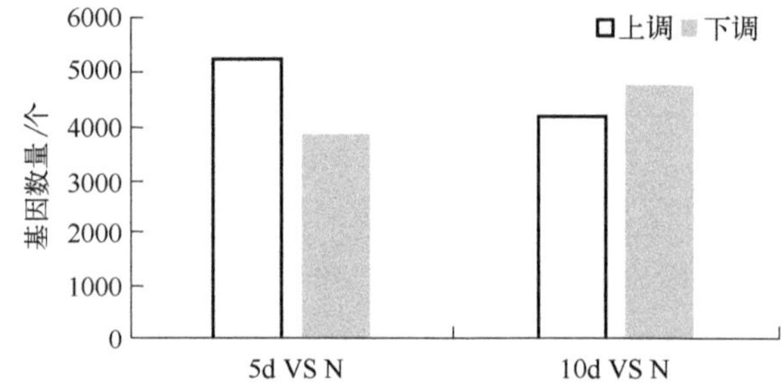

图 2-16 5d、10d 组上调、下调表达基因数量统计

五、GO 注释

根据差异基因检测结果对转录组进行 GO 注释，注释成功的基因隶属生物过程、细胞组分和分子功能类。再生 5d 组的 6990 条基因归于三大功能类下的 38 个子功能类别，生物过程类占 15 个子类别（7927 个基因）、细胞组分类占 14 个子类别（12059 个基因）、分子功能类占 9 个子类别（7327 个基因）。生物过程类的基因集中在细胞过程（cellular process，2436 个）、代谢过程（metabolic process，1723 个）和生物过程（biological process，1032 个）三个类别，合计占 65.49%，同时发育过程（developmental process）类别中有 162 个基因，其中 117 个基因上调表达，占 72.22%。细胞组分类的基因集中在膜（membrane，2704 个）、膜组分（membrane part，2588 个）、细胞（cell，2212 个）和细胞器（organelle，1760 个），合计占 76.82%。分子功能类中的基因集中在结合功能（binging，3126 个）和催化活性（catalytic activity，2904 个）两个类别中，合计占 82.30%（图 2-17）。

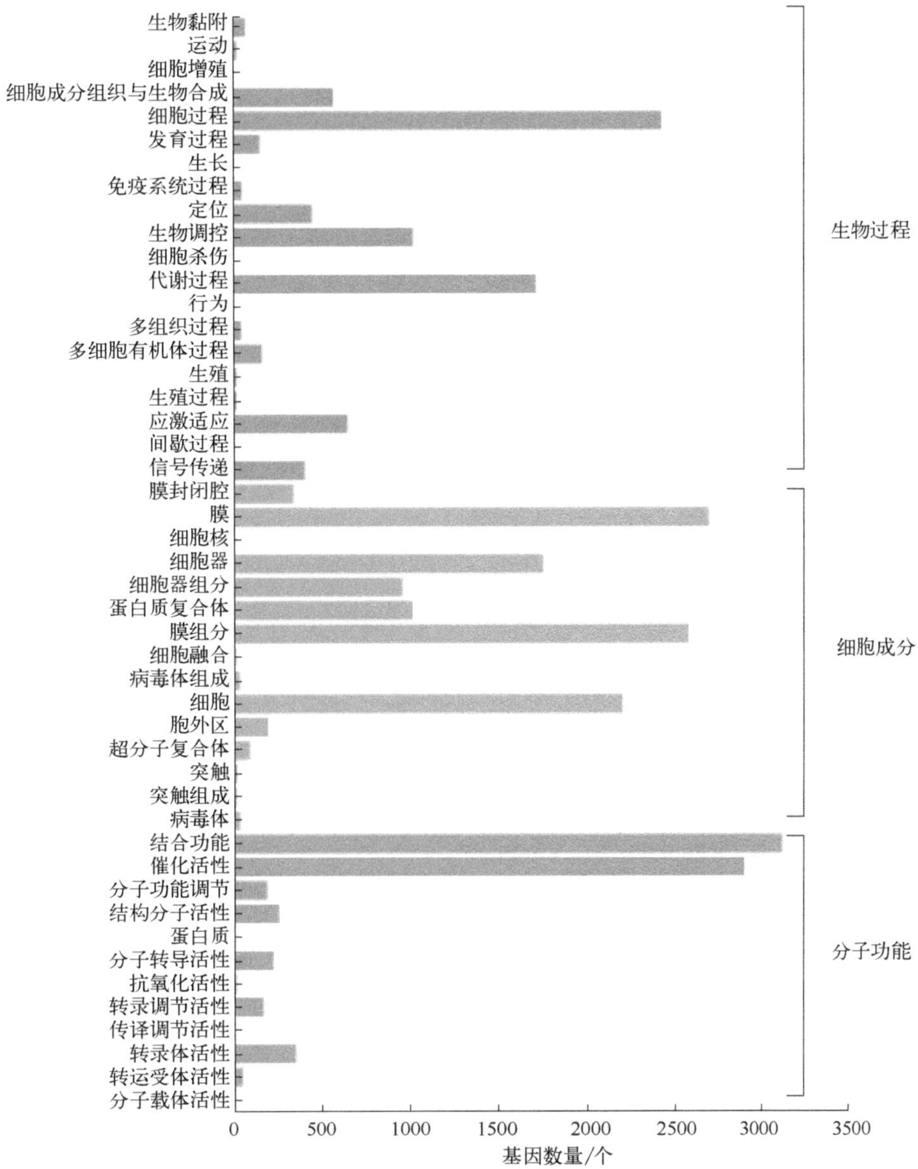

图 2-17　5d 组差异基因 GO 注释

再生 10d 转录组中的 6908 条基因同样可归于三大功能类下的 38 个子功能类别，其中生物过程类 15 个子类别（7978 个基因）、细胞组分类 14 个子类别（11867 个基因）、分子功能类 9 个子类别（7371 个基因）。生物过程类中的基因集中在细胞过程（cellular process，2382 个）、代谢过程（metabolic process，1679 个）和生物调控（biological regulation，1067 个）三个类别中，合计占 64.28%，同时发育过程（developmental process）类别中有 174 个基因，其中 102 个基因上调表达，占 58.62%。细胞组分类中的基因集中在膜（membrane，2700 个）、膜组分（membrane part，2595 个）、细胞（cell，2183 个）和细胞器（organelle，1705 个），合计占 77.38%。分子功能类中的基因集中在结合功能（binging，3120 个）和催化活性（catalytic activity，2926 个）两个类别中，合计占 82.02%（图 2-18）。

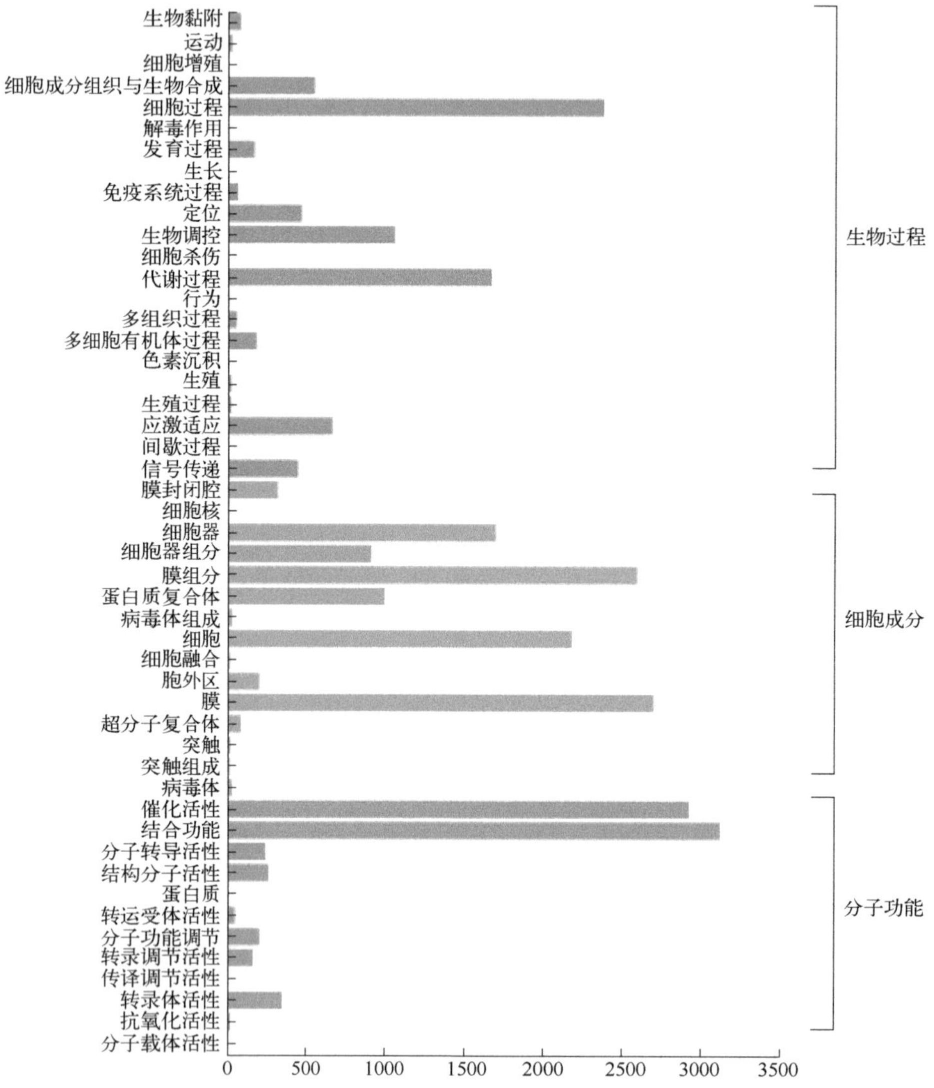

图 2-18　10d 组差异基因 GO 注释

再生 5d 和 10d 组各子类别的基因数量相近，而且大部分与再生、发育相关的基因表现出上调趋势，例如生物过程类中细胞成分组织与生物合成（cellular component organization or biogenesis）类别上调的基因占该类别的 85.05%、76.95%；生殖（reproduction）、生殖过程（reproductive process）类别中上调基因的比例分别为 78.57%、66.67% 和 78.57%、68.97%；发育过程（developmental process）类别中上调基因的比例为 72.22% ～ 58.62%。细胞组分类中细胞器（organelle）、细胞器组分（organelle part）、膜封闭腔（membrane-enclosed lumen）类别中上调基因比例分别为 80.45%、70.56%，86.13%、78.13% 和 94.24%、86.69%。分子功能类中结构分子活性（structural molecule activity）类别中上调的基因占该类别的 90.49%、83.96%（图 2-19）。

5d、10d 组的 GO 分析可见，生物过程功能类中，细胞成分组织或生物发生类别中上调的基因占该子类别的 76.95% 以上，且再生 10d 时比 5d 时有所降低，分析这与肠再生需要以细胞增殖来构建再生肠体腔上皮、肠腔上皮有关，而且增殖活动在再生初期更剧烈 [8]。再生、再生过程、发育过程类别中上调基因的比例分别在 66.67%、68.97%、58.62% 以上，也从侧面证明了这一推断，因为再生是与发育相近的生理过程，也可以说是发育的另一种表现形式。细胞组分功能类中细胞器、细胞器组分、膜封闭腔类别中上调基因比例分别在 70.56%、78.13%、86.69% 以上，推测这与肠再生过程中细胞器的形成及功能调节有关 [9]。分子功能类中结构分子活性类别中上调的基因占该子类别的 83.96% 以上，推测这与肠再生中各组织结构的重建有关；而催化活性类别中下调基因从 42.36%（5d）增至 44.77%（10d），这与再生过程中仿刺参不能摄食，仅靠身体贮存的有机物为生存和器官重建提供能量，而其他生理活动都逐渐减弱或停止有关 [10]。以上结果说明仿刺参吐脏后，相关基因被激活，尤其是发育类基因 [11，12]。在再生进程中，仿刺参机体和细胞的应答反应明显，而且再生 5d 时比 10d 时，调控再生、促进再生进程的相关基因发挥作用更明显。

六、KEGG Pathway 分类与富集

KEGG（Kyoto Encyclopedia of Genes and Genomes，京都基因和基因组数据库）是 Pathway（通路）方面所用的主要信息库 [13]。生物体内的基因以信

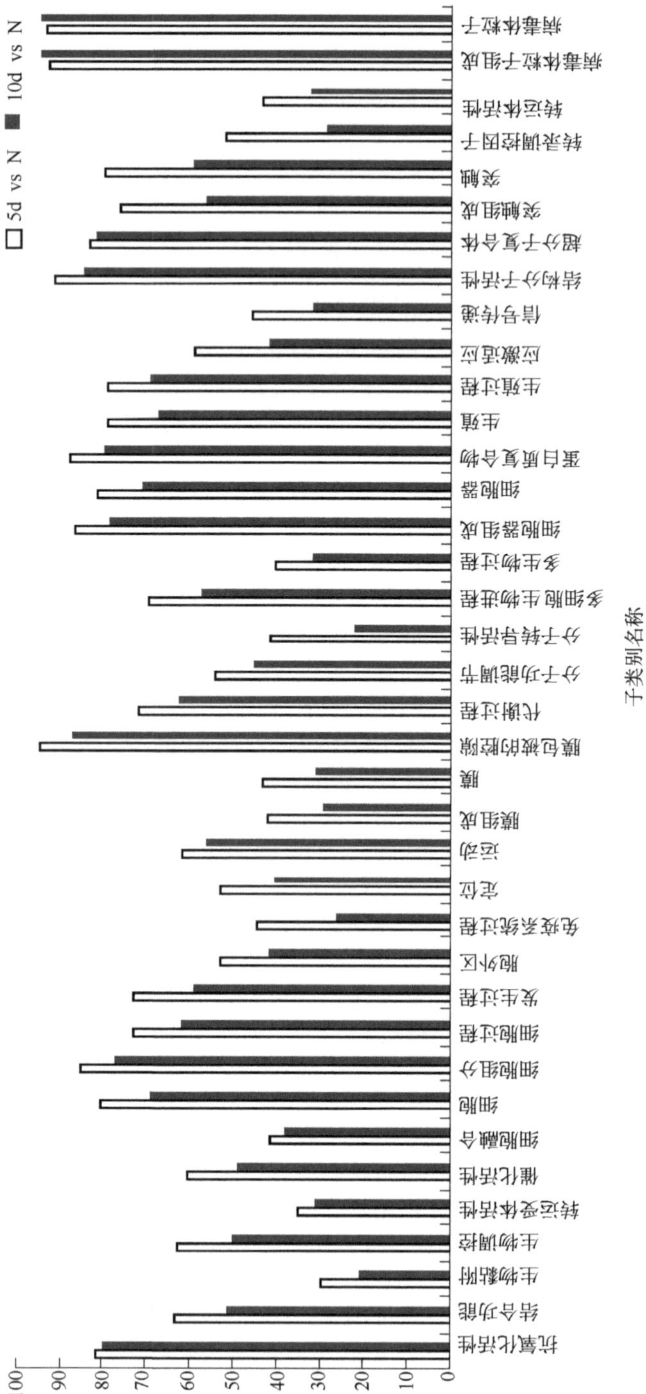

图 2-19　GO 分类中再生 5d 组与 10d 组上调基因所占比例对比

号关联，完成各自的任务。Pathway 富集功能能帮助判定差异基因参与的信号途径。对转录本做注释后，将仿刺参基因按照参与的 KEGG 代谢通路分为 6 支：细胞过程、环境信息处理、遗传信息处理、人类疾病、新陈代谢、有机系统。5d 组中的 13945 个基因，按照隶属通路中基因数量由多至少依次为：人类疾病（3916 个）、有机系统（3046 个）、新陈代谢（2623 个）、细胞过程（1602 个）、环境信息处理（1535 个）、遗传信息处理（1223 个）（图 2-20）；10d 组中的 13985 个基因，按照隶属通路中基因数量由多至少依次为：人类疾

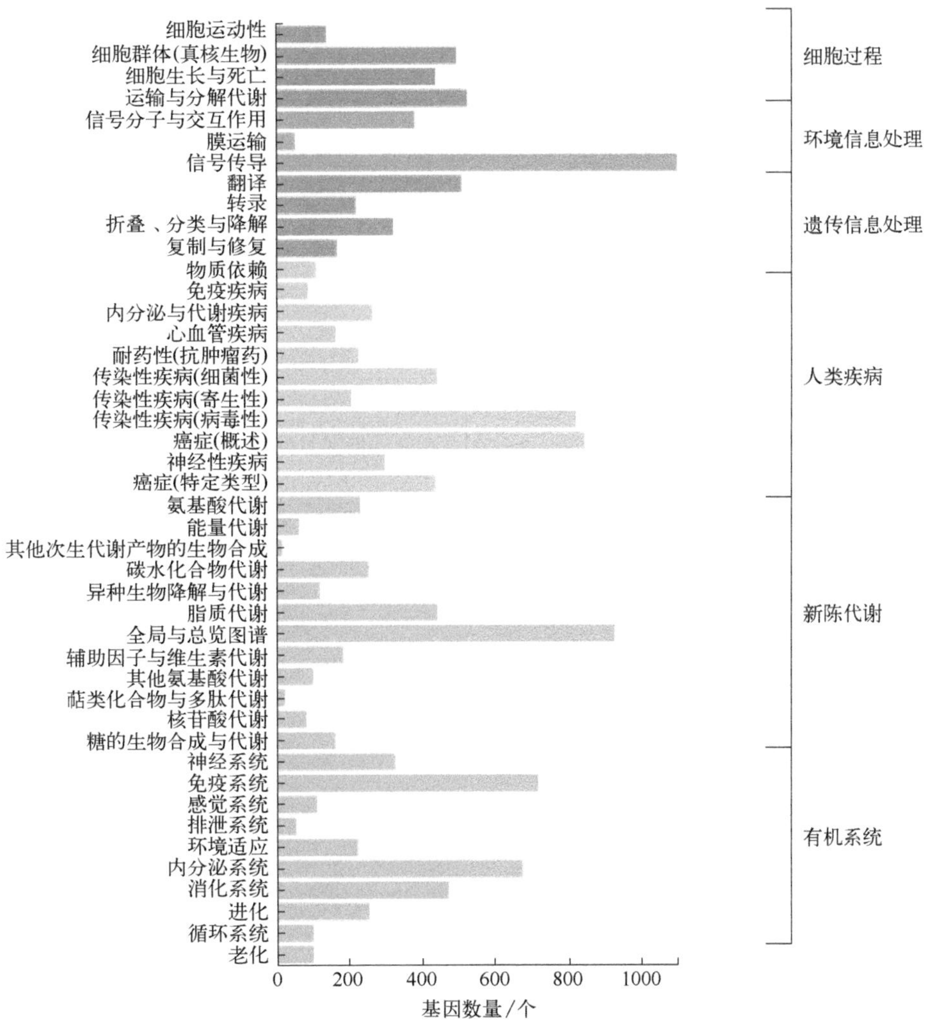

图 2-20 5d 组差异表达基因 KEGG Pathway 分类

病（4030 个）、有机系统（2974 个）、新陈代谢（2517 个）、细胞过程（1771 个）、环境信息处理（1498 个）、遗传信息处理（1195 个）（图 2-21）。由此可见，5d 组与 10d 组基因在 6 个分支中的总体分布，以及在每个分支中各通路内的分布都很相似。根据已有的关于发育和再生的相关研究结论[5, 14-16]，选择细胞周期、细胞因子受体相互作用、DNA 复制、细胞外基质与受体相互作用、Notch、PPAR、核糖体、真核生物核糖体合成、RNA 转运、干细胞多能性调节、剪接体、转化因子 β、Wnt、Hedgehog、MAPK 共 15 个通路作为观测点，

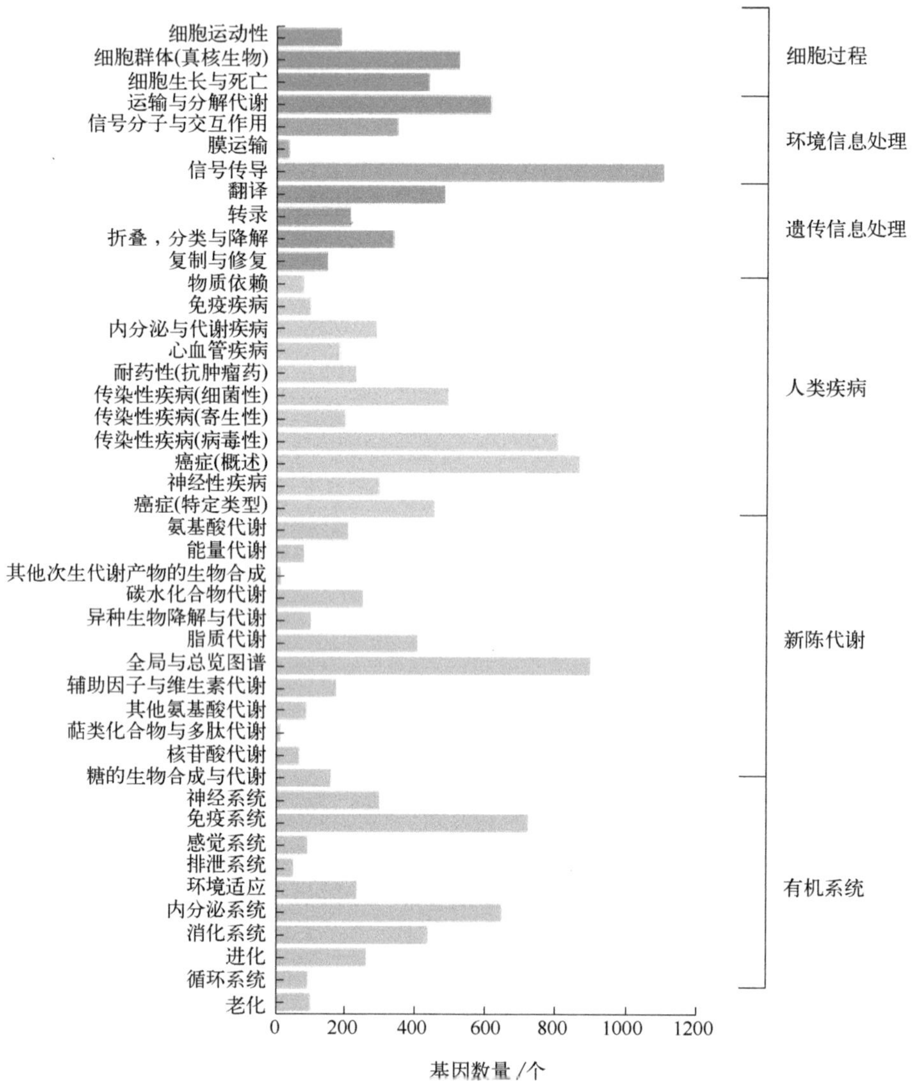

图 2-21 10d 组差异表达基因 KEGG Pathway 分类

统计发现细胞周期、DNA 复制、核糖体、真核生物核糖体合成、RNA 转运、剪接体相关通路中表达上调的基因都在 75.54% 以上，而且再生 5d 高于 10d。PPAR 信号通路上调基因比例是最低的，为 20.83% ～ 27.69%（表 2-5）。不同通路基因的表达变化与通路的作用机制密不可分。

表 2-5 KEGG Pathway 分类下 5d、10d 组上调基因数量对比

通路名称	5d vs N			10d vs N		
	总数量	上调基因量	百分比 /%	总数量	上调基因数	百分比 /%
细胞周期	86	79	91.86	72	55	76.39
细胞因子受体交互作用	20	10	50.00	17	6	35.29
DNA 复制	49	45	91.84	53	44	83.02
细胞外基质受体交互作用	163	98	60.12	165	71	43.03
Notch 信号通路	163	80	49.08	138	37	26.81
PPAR 信号通路	72	15	20.83	65	18	27.69
核糖体	143	141	98.60	142	135	95.07
真核生物核糖体合成	79	79	100.00	80	76	95.00
RNA 转运	189	156	82.54	184	139	75.54
调节干细胞多能性的信号通路	61	24	39.34	84	21	25.00
剪接体	157	136	86.62	155	120	77.42
TGF-β 信号通路	24	15	62.50	24	8	33.33
Wnt 信号通路	83	46	55.42	86	34	39.53
Hedgehog 信号通路	36	22	61.11	30	12	40.00
MAPK 信号通路	207	89	43.00	246	55	22.36

以 Q ≤ 0.05 作为显著性富集的判定标准，将 Q 值从小到大进行排序呈现再生 5d 组富集结果中的前 20 位信号通路依次为核糖体 [Ribosome，150 个基因（下文仅列出基因数量）]、RNA 转运（RNA transport，189）、NOD 样受体信号通路（NOD-like receptor signaling pathway，255）、军团杆菌（Legionellosis，128）、脂肪酸降解（Fatty acid degradation，67）、真核生物核糖体合成（Ribosome biogenesis in eukaryotes，79）、蛋白酶体（Proteasome，44）、淀粉和蔗糖代谢（Starch and sucrose metabolism，37）、百日咳杆菌（Pertussis，138）、溶酶体（Lysosome，116）、视黄醇代谢（Retinol metabolism，68）、蛋白质输出（Protein export，28）、错配修复（Mismatch repair，26）、色氨酸代谢（Tryptophan metabolism，49）、谷胱甘肽代谢（Glutathione metabolism，56）、

沙门氏菌感染（Salmonella infection，151）、药物代谢 - 细胞色素 P450（Drug metabolism- cytochrome P450，61）、半乳糖代谢（Galactose metabolism，40）、剪接体（Spliceosome，157）、NF-κB 信号通路（NF-κappa B signaling pathway，74）。20 个信号通路隶属于新陈代谢（Metabolism，7）、遗传信息处理（Genetic Information Processing，7）、人类疾病（Human Diseases，3）、环境信息处理（Environmental Information Processing，1）、细胞过程（Cellular Processes，1）、有机系统（Organismal Systems，1）（图 2-22）。再生 10d 组富集结果中的前 20 位信号通路依次为核糖体（Ribosome，148）、溶酶体（Lysosome，133）、RNA 转运（RNA transport，184）、NOD 样受体信号通路（NOD-like receptor signaling pathway，256）、真核生物核糖体合成（Ribosome biogenesis in eukaryotes，80）、氧化磷酸化（Oxidative phosphorylation，75）、蛋白酶体（Proteasome，46）、军团杆菌（Legionellosis，119）、NF-κB 信号通路（NF-kappa B signaling pathway，79）、叶酸合成（Folate biosynthesis，48）、半乳糖代谢（Galactose metabolism，42）、蛋白质输出（Protein export，28）、RIG-I 样受体信号通路（RIG-I-like receptor signaling pathway，58）、百日咳杆菌（Pertussis，132）、类

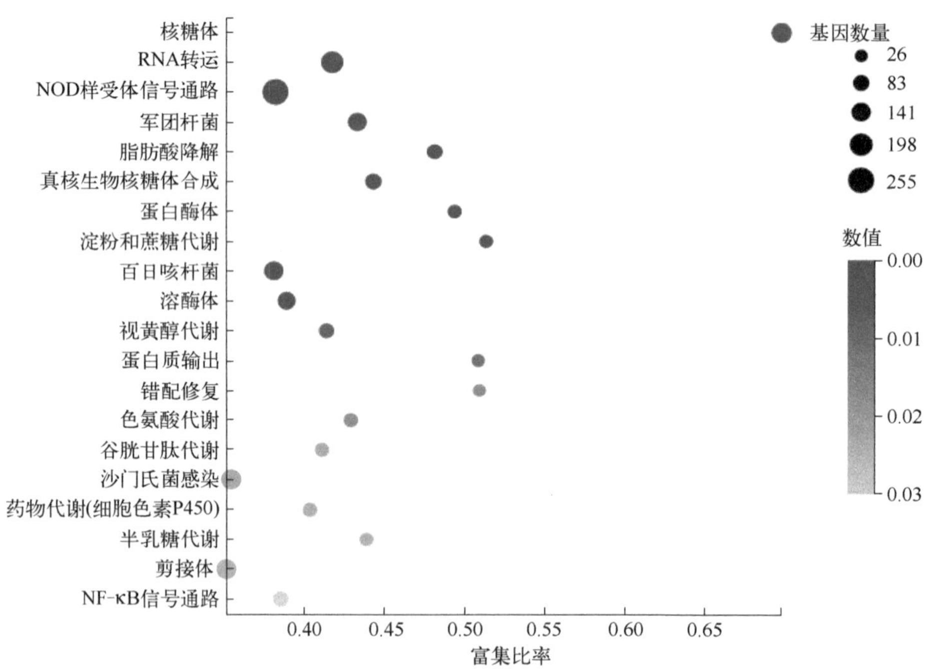

图 2-22　5d 组差异表达基因 KEGG Pathway 富集气泡图

固醇激素生物合成（Steroid hormone biosynthesis，62）、脂肪酸降解（Fatty acid degradation，56）、剪接体（Spliceosome，155）、沙门氏菌感染（Salmonella infection，148）、吞噬体（Phagosome，143）、C 型凝集素受体信号通路（C-type lectin receptor signaling pathway，139）。20 个信号通路隶属于新陈代谢（Metabolism，5）、遗传信息处理（Genetic Information Processing，6）、人类疾病（Human Disease，3）、环境信息处理（Environmental Information Processing，1）、细胞过程（Cellular Processes，2）、有机系统（Organismal Systems，3）（图 2-23）。

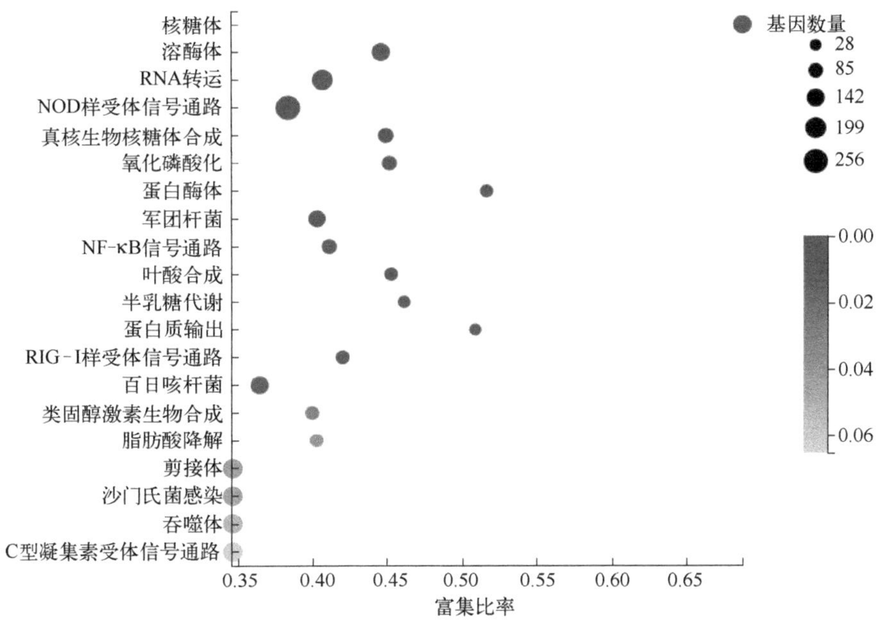

图 2-23　10d 差异基因 KEGG Pathway 富集气泡图

细胞周期、DNA 复制、核糖体、核糖体生物合成、RNA 转运、剪接体相关通路中表达上调的基因都在 75.54% 以上，而且再生 5d 时要高于 10d 时，这与再生时期的仿刺参的生理活动有关。因为启动再生和维持再生进程需要大量蛋白质，所以 RNA 转运、剪接体、核糖体、核糖体生物合成通路中的基因显著上调。根据 Q 值进行 KEGG Pathway 富集分析，核糖体、核糖体生物合成、RNA 转运排在了前三位，这也从另一面反映了它们的重要性。DNA 复制、细胞周期通路中的基因上调与再生中细胞的增殖有关。在海参（*Holothuria glaberrima*）再生研究中，细胞分裂增殖开始于再生 6d，到 12d 时分裂细胞的比例由6%增加至12%[8]。Notch信号通路在生物体的早期发育中能程序性地操控细胞和组织的分化，但本研究中该通路相关基因的表达变化不如上述几个通路显著，但已有研究表明该通路与斑马鱼的心再生[12]、人肠上皮的再生[17]中细胞分裂、增殖有关。在再生5d时，Tgf-β、Wnt、Hedgehog通路中至少55.42%的基因表达上调，也显现了它们在再生过程中有促细胞增殖、组织生长的作用。PPAR是脂肪形成、代谢方面的通路，所以在再生5d、10d时通路中上调表达的基因仅为20.83%、27.69%。海参的能量物质来源分外源和内源。外源来自摄入的食物，内源为机体积累的有机物[18]。仿刺参在消化道再生中前期无摄食及消化能力，为了能够保持自身生存的基础代谢及器官再生所需的能量，必然要消耗体内积累的能量[19, 20]，这个时期脂肪积累活动减弱或停止。

第三节　差异表达基因筛选

以FDR ≤ 0.001且能比对上已知基因为前提条件，将再生5d、10d组中基因按表达量增幅由高至低排序，取前30位作为后续研究目标（附表1、附表2）。对5d、10d组中上调幅度前30位的基因进行对比，发现Gene ID为mRNA.AJAP17555、mRNA.AJAP07493、mRNA.AJAP19937、mRNA.AJAP13826、mRNA.AJAP03310、mRNA.AJAP20341、mRNA.AJAP03331、mRNA.AJAP13945、mRNA.AJAP17083、mRNA.AJAP03950、mRNA.AJAP11579、mRNA.AJAP26309的12个基因在两组中均有出现。结合已有的研究报道[21-36]，推测*megf*6、*klf*13、*btf*3*l*4在仿刺参再生过程中具有一定作用。*megf*6、*klf*13、*btf*3*l*4在5d vs N、10d vs N差异基因表达热图中的位置见图2-24、图2-25。

*megf*6为多功能表皮生长因子6，目前关于其的研究不是很多。表达*megf*6的小鼠细胞可参与皮肤表皮、大脑、肋骨组分形成[23]；也有实验证明MEGF6与神经系统的紊乱有关[24]，且在胚胎发育、机体内环境稳定过程中发挥关键作用[21, 22]。

*klf*13是具有锌指结构的转录因子，最初分离于人胎肝和鼠卵黄囊，后发现其广泛分布于生物细胞中[28-30]，并在促进细胞增殖以及炎症反应等方面发挥作用[26, 31, 32]。KLF13可通过调控细胞活动，促进组织生长[27, 37]，这应与再

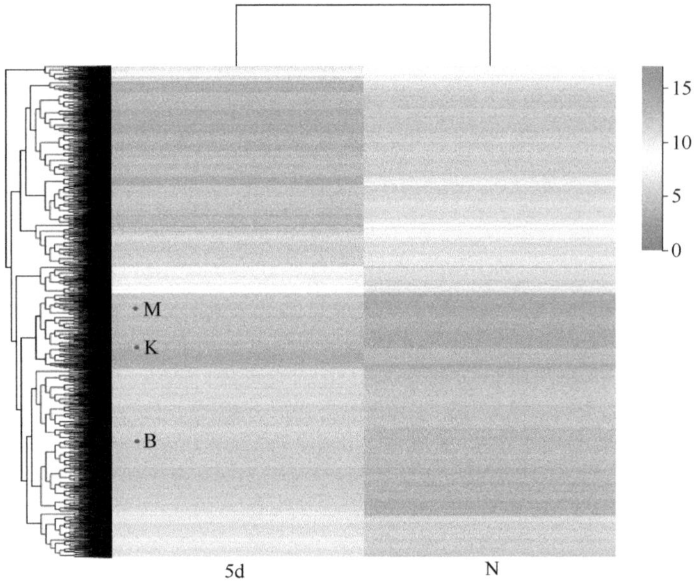

图 2-24 5d vs N 差异基因表达量聚类热图

M-*megf*6；K-*klf*13；B-*btf*3*l*4

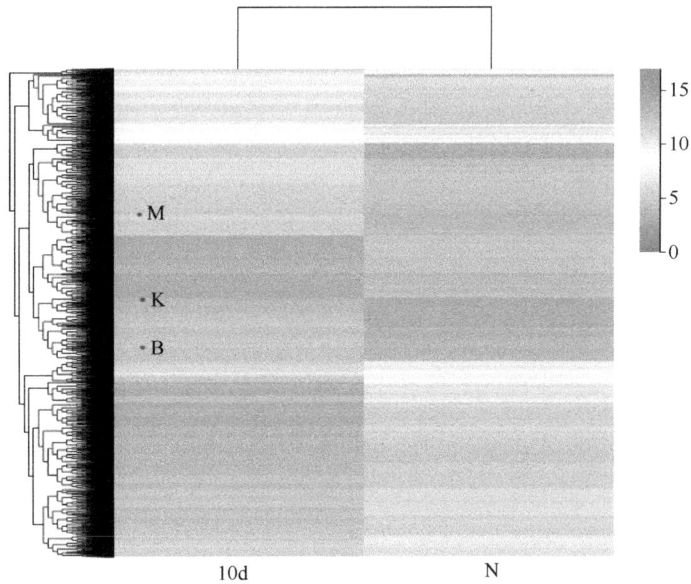

图 2-25 10d vs N 差异基因表达量聚类热图

M-*megf*6；K-*klf*1；B-*btf*3*l*4

生及疾病发生有关联。当有内在或外在因素影响 *klf*13 表达时，生物细胞有无序发生现象出现，导致肿瘤发生，所以 KLFs 被看成治愈癌症的目标基因，引起学者的关注[25，38，39]。

*btf*3 为基础转录因子 3，属于 NAC 家族。BTF3 具有多种生理功能[36]，尤其是可以阻碍细胞消亡。已有研究发现，BTF3 在几类癌细胞中表达上调，并影响肿瘤相关因子的表达，导致病变出现及发展[33-35，40-41]。

因此，根据转录组数据结果和已有关于 *megf*6、*klf*13、*btf*3*l*4 在细胞增殖、组织发育过程中的作用和功能的报道，可推测它们在仿刺参肠再生过程中起到关键作用。

参考文献

[1] Lockhart D J，Winzeler E A. Genomics，gene expression and DNA arrays[J]. Nature，2000，405（6788）：827-836.

[2] 包志明，邹永烽，曹攀辉，等 . 高温胁迫对克氏原螯虾肠道组织形态与转录组的影响 [J]. 南方水产科学，2025，21（01）：105-117.

[3] Lindberg J，Lundeberg J. The plasticity of the mammalian transcriptome[J]. Genomics，2010，95（1）：1-6.

[4] Ortizpineda P A，Ramirezgomez F，Perezortiz J，et al. Gene expression profiling of intestinal regeneration in the sea cucumber[J]. BMC Genomics，2009，10（1）：262-262.

[5] 孙丽娜 . 仿刺参 *Apostichopus japonicus*（Selenka）消化道再生的组织细胞特征与关键基因分析 [D]. 北京：中国科学院大学，2013.

[6] Zhang X，Zhang Y H，Wu T，et al. Fish decay-accelerating factor（DAF）regulates intestinal complement pathway and immune response to bacterial challenge[J]. Fish and Shellfish Immunology，2024，151：109741.

[7] Audic S，Claverie J. The Significance of Digital Gene Expression Profiles[J]. Genome Research，1997，7（10）：986-995.

[8] San Miguelruiz J E，Garciaarraras J E. Common cellular events occur during wound healing and organ regeneration in the sea cucumber Holothuria glaberrima[J]. BMC Developmental Biology，2007，7（1）：115-115.

[9] 王霞，李霞 . 仿刺参消化道的再生形态学与组织学 [J]. 大连海洋大学学报，2007，22（5）：340-346.

[10] Zang Y，Tian X，Dong S，et al. Growth，metabolism and immune responses to evisceration and the regeneration of viscera in sea cucumber，*Apostichopus japonicus*[J]. Aquaculture，2012：50-60.

[11] Alvarado A S，Tsonis P A. Bridging the regeneration gap：genetic insights from diverse animal models[J]. Nature Reviews Genetics，2006，7（11）：873-884.

[12] Raya A，Koth C M，Buscher D，et al. Activation of Notch signaling pathway precedes heart regeneration in zebrafish[J]. Proceedings of the National Academy of Sciences of the United States of America，2003，100（100）：11889-11895.

[13] Kanehisa M，Araki M，Goto S，et al. KEGG for linking genomes to life and the environment.[J]. Nucleic Acids Research，2007：480-484.

[14] Carulli A J，Keeley T M，Demitrack E S，et al. Notch receptor regulation of intestinal stem cell homeostasis and crypt regeneration.[J]. Developmental Biology，2015，402（1）：98-108.

[15] Krausova M，Korinek V. Wnt signaling in adult intestinal stem cells and cancer[J]. Cellular Signalling，2014，26（3）：570-579.

[16] 江书忠．猪脂肪沉积关键基因的筛选及锌指蛋白 KLF13 的功能研究 [D]. 武汉：华中农业大学，2014.

[17] Okamoto R，Tsuchiya K，Nemoto Y，et al. Requirement of Notch activation during regeneration of the intestinal epithelia[J]. American Journal of Physiology-gastrointestinal and Liver Physiology，2009，296（1）：G23-G35.

[18] Shearer K D. Factors affecting the proximate composition of cultured fishes with emphasis on salmonids[J]. Aquaculture，1994，119（1）：63-88.

[19] 谭永凯，李霞，段晶晶．仿刺参内脏再生过程的能量代谢及生化组成变化 [J]. 中国水产科学，2008，15（4）：683-688.

[20] 袁秀堂，杨红生，王丽丽，等．夏眠对刺参（*Apostichopus japonicus* Selenka）能量收支的影响 [J]. 生态学报，2007，27（8）：3155-3161.

[21] Chim S M，Qin A，Tickner J，et al. EGFL6 promotes endothelial cell migration and angiogenesis through the activation of extracellular signal-regulated kinase [J]. Journal of Biological Chemistry，2011，286（25）：22035-22046.

[22] Singh A B，Harris R C. Autocrine，paracrine and juxtacrine signaling by EGFR ligands[J]. Cellular Signalling，2005，17（10）：1183-1193.

[23] Wang Y，Song H J，Wang W F，et al. Generation and characterization of Megf6 null and Cre knock-in alleles[J]. Genesis，2019，57（2）：e23262.

[24] Lim J，Hao T，Shaw C，et al. A protein-protein interaction network for human inherited ataxias and disorders of Purkinje cell degeneration [J]. Cell，2006，125（4）：801-814.

[25] Pearson R，Fleetwood J，Eaton S，et al. Krüppel-like transcription factors：a functional family[J]. The International Journal of Biochemistry&Cell Biology，2008，40（10）：1996-2001.

[26] Kaczynski J，Cook T，Urrutia R. Sp1-and Krüppel-like transcription factors[J]. Genome Biology，2003，4（2）：206.

[27] Kim C K，He P，Bialkowska A B，et al. SP and KLF transcription factors in digestive physiology and diseases[J]. Gastroenterology，2017，152（8）：1845-1875.

[28] Gordon A R，Outram S V，Keramatipour M，et al. Splenomegaly and Modified Erythropoiesis in KLF13$^{-/-}$ Mice[J]. Journal of Biological Chemistry，2008，283（18）：11897-11904.

[29] Kwon S J，Crespobarreto J，Zhang W，et al. KLF13 Cooperates with c-Maf To Regulate IL-4 Expression in CD4+T Cells[J]. Journal of Immunology，2014，192（12）：5703-5709.

[30] Cruz-Topete D，He B，Xu X，et al. Krüppel-like Factor 13 is a major mediator of glucocorticoid receptor signaling in cardiomyocytes and protects these cells from DNA damage and death[J]. Journal of Biological Chemistry，2016，291（37）：19374-19386.

[31] Nemer M，Horb M E. The KLF family of transcriptional regulators in Cardiomyocyte proliferation and differentiation[J]. Cell Cycle，2007，6（2）：117-121.

[32] Outram S V，Gordon A R，Hagertheodorides A L，et al. KLF13 influences multiple stages of both B and T cell development[J]. Cell Cycle，2008，7（13）：2047-2055.

[33] 余鹏，蔡红兵 . 通用转录因子 3 对卵巢癌细胞增殖和凋亡的影响 [J]. 武汉大学学报（医学版），2017，38（4）：560-563，581.

[34] 王大维，王晓梅，王浩，等 . 通用转录因子 3 在食管鳞状细胞癌中的表达及临床意义 [J]. 中华实验外科杂志，2016，33（8）：1944-1946.

[35] Kusumawidjaja G，Kayed H，Giese N A，et al. Basic Transcription Factor 3（BTF3）Regulates Transcription of Tumor-Associated Genes in Pancreatic Cancer Cells[J]. Cancer Biology & Therapy，2007，6（3）：367-376.

[36] 殷勤，彭金霞，崔亮，等 . 凡纳滨对虾 BTF3 基因的克隆及表达分析 [J]. 西南农业学报，2011，24（6）：2396-2400.

[37] 陈春英，刘兴元，杨奕清 . 先天性房间隔缺损致病基因 KLF13 新突变的识别与功能分析 [J]. 国际心血管病杂志，2023，50（02）：108-112.

[38] 谢兴明 .KLF13/ACOT7 信号通路对肝癌细胞增殖和迁移能力的影响 [D]. 贵阳：贵州医科大学，2022.

[39] 陈潮春 .KLF13 通过转录上调 HMGCS1 促进肝癌细胞的增殖、侵袭与转移 [D]. 贵阳：贵州医科大学，2022.

[40] 胡洁，高峰，王云静，等 .BTF3 在口腔鳞状细胞癌组织中的表达及其与 PINCH 的相关性 [J]. 现代肿瘤医学，2023，31（22）：4162-4166.

[41] 陈佳欣 . 珍珠梅黄酮纳米粒通过 BTF3 调控 HIF-1α 泛素化抑制肝癌细胞增殖的作用机制 [D]. 延边：延边大学，2024.

第三章 仿刺参 *megf*6 基因克隆及在肠再生中的表达分析

第一节　MEGF6 蛋白的功能

多功能表皮生长因子（MEGF）是在检测蛋白质 N 末端 EGF 样结构域时被发现的[1]，其含有与表皮生长因子 EGF 接近的结构和功能特征[2]——EGF 样结构域。该结构域是进化保守的模块化蛋白亚单位，一般包含 30 ～ 40 个氨基酸残基[3]。已有研究表明，MEGFs 可调控机体发育、体内环境，可促进细胞增殖、分化、迁移、黏附等[4, 5]。正常状态下，EGFR 与相应配体结合，引起信号转导，促进蛋白质合成，加快细胞有丝分裂、分化[6]，而 EGF 是其配体之一[7]。现在已发现多个物种有 EGFR 基因，它不仅调控机体发育，还可促进创伤修复[8]。

在早期的研究中，鉴定出 9 个 *megf* 家族成员（*megf*1 ～ 9），在后来高通量筛选过程中又发现了 3 个成员（*megf*10 ～ 12）[9, 10]。MEGF 家族成员具有分子质量大（＞ 100kDa）的特点，这可能是实现该蛋白生物学功能所必备的。MEGF1 ～ 3 和 MEGF7 ～ 12 都为膜锚定蛋白，而 MEGF4 ～ 6 为分泌蛋白[11]。截至目前，除了 MEGF6、MEGF9 外，MEGF 家族其他成员的生物学功能都已被鉴定[12-17]。

MEGF6 又称 EGFL3，是具有 30 多个 EGF 样结构域的大分子量分泌蛋白[11]，与家族其他成员相比，MEGF6 与 MEGF10 的氨基酸序列最为相似[1]。虽然 MEGF 蛋白家族的多名成员对生物体胚胎发育或体内平衡至关重要，但是 MEGF6 在生物机体发育等生理活动中的功能研究不多。仅有的研究显示，敲除 *megf*6 基因的小鼠可正常发育，但可表达 *megf*6 的细胞可参与小鼠大脑、肋骨和皮肤表皮的组分形成[18]；成骨样细胞中表达 *megf*6，能作为血管生成因子发挥有助血管生成的作用[4]；也有研究证明 MEGF6 在神经系统发生紊乱过程中发挥作用[19]。目前，人的 MEGF1 ～ 12 的序列已经全部得出，其结构对比见附录图 1。在人类，*megf*6 基因定位于 1 号染色体（1p36.32）[1]。MEGF6 与神经系统的紊乱发生有关[19]；MEGF6 在骨质疏松症发生中起重要作用[20]；MEGF6 在肝癌、直肠癌肿瘤组织中高度表达[21, 22]；MEGF6 过表达可预防小鼠的炎症、氧化损伤和脓毒症诱导的肺损伤[23]。目前，已在仿刺参等多种动物中发现 EGFR 可参与调控其生长发育[24, 25]，并可加快创伤组织的修复过程[26]。根据其具有 EGF 样结构域，MEGF6 可作为 EGFR 的配体参与调控细胞周期、分化，进而维持细胞内部稳定，调节器官再生、胚胎发育等多项细胞及组织器官的活动，但其在仿刺参肠再生过程中的具体作用目前还不清楚。

第二节 仿刺参 *megf6* 基因克隆及表达分析

一、样品制备

选择 35 头仿刺参，向每头体腔内注射 0.35mol/L KCl 溶液 0.5 ～ 1.5mL，刺激其排出内脏，继续饲养，10d 后，开始投喂藻粉和有机底泥混合物（体积比 1 ∶ 1）1 次 /d，投饲量为仿刺参体重的 5%。于再生 3d、6d、9d、12d、15d、18d、21d 后解剖仿刺参，每次解剖 3 ～ 5 头（依再生肠的长度而定），取出再生的肠组织，迅速冷冻在 −80℃冷藏箱中，供总 RNA、总蛋白提取使用，同时供固定肠组织使用。以未用 KCl 溶液刺激处理个体的肠组织作为对照组样品和 *Aj-megf*6 基因克隆用样品。

二、总 RNA 提取

打开仿刺参体壁，对再生肠管的形态进行观察、拍照，肠管的形态变化见图 3-1。不同再生时期的肠组织总 RNA 用于 qPCR 反应。

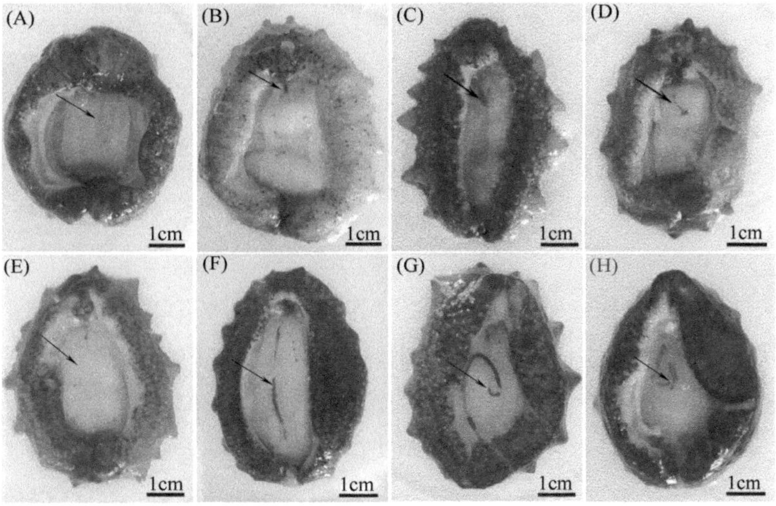

图 3-1 各再生时期仿刺参肠管的形态

（A）正常肠；（B）再生 3d 的肠；（C）再生 6d 的肠；（D）再生 9d 的肠；（E）再生 12d 的肠；（F）再生 15d 的肠；（G）再生 18d 的肠；（H）再生 21d 的肠

三、*Aj-megf6* 基因全长序列的获得

利用EST模板、上下游引物 *Aj-megf*6-F（序列：CAGATTGTAACTGC-TATGATGGC）、*Aj-megf*6-R（序列：GCATGTATCTCCAGTAAATCCT）进行PCR反应，得到1331bp的EST序列，电泳检测结果见图3-2（A）。

利用3′模板、3′*Aj-megf*6-GSP1（序列：GAGGATGCCAAGAAGGAAG-ATTT）、3′*Aj-megf*6-GSP2（序列：TAAATGGAGGCCGTTGTGACAGA），通过3′RACE得到973bp cDNA序列，含12bp poly A［图3-2（B）］。

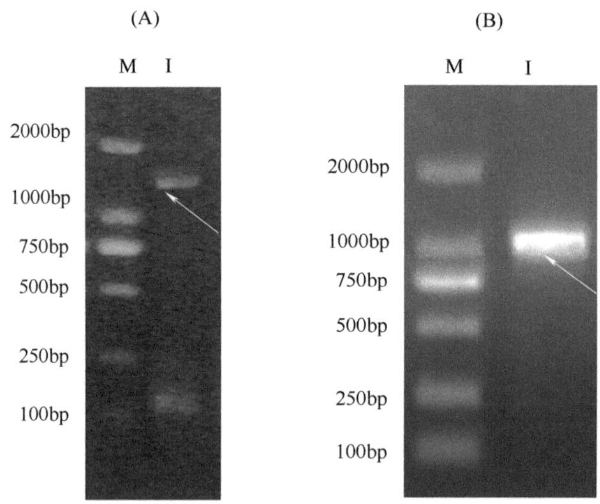

图3-2 *Aj-megf*6的EST（A）和3′端（B）电泳图

M为DL2000 Marker；I为PCR产物

利用5′模板、5′*Aj-megf*6-GSP1（序列：GCTCTCTGTACAATCTTGGC-CCC）、5′*Aj-megf*6-GSP2（序列：TCACCATAGTAACCTGCCAAACA）、5′*Aj-megf*6-GSP3（序列：AGTAGGGCTACATTGCTGACCGT）、5′*Aj-megf*6-GSP4（序列：TACAGATAGTTCCGGTCCAGCCAG）、5′*Aj-megf*6-GSP5（序列：CAGTT-CATAGCCATGTCTACACG）、5′*Aj-megf*6-GSP6（序列：CCATTACGCAAC-GCACAAGGATT），通过5′RACE-1、5′RACE-2、5′RACE-3分别扩出859bp、2138bp、1330bp的cDNA序列［图3-3（A）、（B）、（C）］。

利用DNAMAN拼接EST、3′、5′端序列，得到5665bp的 *Aj-megf*6 基

因全长［图 3-4（A）］，其中包括 3′ 非编码区（UTR）461bp、5′ UTR 389bp 和开放阅读框（ORF）4815bp。

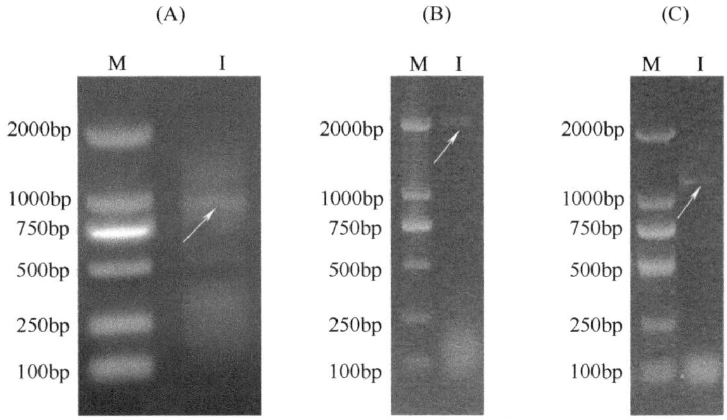

图 3-3　*Aj-megf6* 的 5′ 端电泳图

（A）5′RACE-1；（B）5′RACE-2；（C）5′RACE-3；
M 为 DL2000 Marker；I 为 5′RACE PCR 产物

四、*Aj-megf6* 的生物信息学分析

利用 SMART 工具预测 *Aj*-MEGF6 含 37 个 EGF 样结构域［图 3-4（B）］，这与 Letunic and Bork 利用 SMART 蛋白质注释工具对 MEGF6 结构域的分析结果相符合[11]。EGF 成员可与其受体作用，启动 Ras 信号转导途径，加快 DNA 合成、引起细胞增殖，促进生物体发育[27]。利用 ExPaSy-Translate tools 和 ProtParam tool of ExPASy 工具分析预测 *Aj*-MEGF6 蛋白有 1604 个氨基酸（表 3-1），分子量是 172.5kDa，等电点是 4.74。亲水性、疏水性分析 GRAVY 为 −0.486（MAX 为 3.389，MIN 为 −2.700），表明 *Aj*-MEGF6 有可能为亲水性蛋白（图 3-5）。该蛋白含 53 个磷酸化位点，Ser、Thr、Tyr 分别为 23、12 和 18 个（表 3-2）。经预测 *Aj*-MEGF6 含信号肽，且是分泌蛋白，无跨膜结构（图 3-6、图 3-7）。亚细胞定位预测该蛋白 52.2% 在细胞核，17.4% 在线粒体，8.7% 在细胞质，8.7% 在细胞膜，4.3% 在囊泡分泌系统，4.3% 在高尔基体，4.3% 在细胞外。预测出 *Aj*-MEGF6 的二级结构中含 α 螺旋 173 个、β 转角 197 个、延伸链 286 个、无规则卷曲 948 个（表 3-3）。

(A)

```
1    ATTCGAAAGACGGTGGCAAACGCTAAAGGTACGTGTAATTGAGATTTGGCGAGGAAAGATAAAAACCTTATAGTTCACTTCAAAAACTCA
91   GTTTGATTTTAGATTATGGACCTAAAGTAATGTTGCCTTTTACTCTTTTTGTGCCTTGTGAACATTGTAGCGGAATTTAATTTATATTTA
181  TCATACACAAGTCCCGCACTGAGCATCTCACCTCACGGAGGCCTTGTTTGGTGATCGAGTCCGAGAGAAGACGGATGTAACCTTATTCGA
271  ACGAATGTCAACTTTCGACAAAATTCTCATCAATTGGGACATATTTGGATTACTGAATCGAGATACTTTGACCAATTTCTTCGTTTTACT
361  GTACTGATATCTCGCATTTATAGGTAAAAATGTCGACGCATATCTTTTTGTTGGTCATCTGTTCGGTGCTTATTCAGTTCGAGACCAGTT
1                                  M  S  T  H  I  F  L  L  V  I  C  S  V  L  I  Q  F  E  T  S
451  TGGGTCAGTACTCTTCGAGGGACACACACGGTTCTAGCTACAATCGTTATAGCGGCACTGGGCAGTATCAGTATGGGGGCAACCGTGTCA
21   L  G  Q  Y  S  S  R  D  T  H  G  S  S  Y  N  R  Y  S  G  T  G  Q  Y  Q  Y  G  G  N  R  V
541  GCCTTCAAAACCAAAATGATGAACTCGGGGACGGAATGCCAAACACTTGCCCTTATCAGGAGGAACAAATGGTGGCAACAAGGCAACCTT
51   S  L  Q  N  Q  N  D  E  L  G  D  G  M  P  N  T  C  P  Y  Q  E  E  Q  M  V  A  T  R  Q  P
631  GTGTACGATCCTACATCAAGACTGTGAAGATCTGGAGACCAGACTGTGGTTATACCAGAAGATGGTGTGTTGGATATGAAAGACGGACTG
81   C  V  R  S  Y  I  K  T  V  K  I  W  R  P  D  C  G  Y  T  R  R  W  C  V  GY E  R  R  T
721  CTTACTATACCACCTACAGACTTGTGTATGAGAGGCAGTACGTTACCAAATACAAGTGTTGCCATGGCTGGTCCAGGATGAACGGAGAAC
111  A  Y  Y  T  T  Y  R  L  V  Y  E  R  Q  Y  V  T  K  Y  K  C  C  H  G  W  S  R  M  N  G  E
811  AAGGATGCATGTATCCAACTTGCAGTGTTGGAGTCTGTTTTAATGGAGGATCTTGTAATGGGGGCTACTCACAGATGTGCAGATGTCCAC
141  Q  G  C  M  Y  P  T  C  S  V  G  V  C  F  N  G  G  S  C  N  G  G  Y  S  Q  M  C  R  C  P
901  CTGGCTTCCAGGGACCTGGATGTCAATATGATACTAATGAATGTTTATTCAGCAATGGTGGATGCCAGGGAAGATGCTGTAACACCATTG
171  P  G  F  Q  G  P  G  C  Q  Y  D  T  N  E  C  L  F  S  N  G  G  C  Q  G  R  C  C  N  T  I
991  GCAGCTTCTACTGTAAATGCGAAGAGGGATTTGAACTCTCAGCAGACGGTGTTACGTGTTTAGATATTGATGAATGCCGCCATAATAATG
201  G  S  F  Y  C  K  C  E  E  G  F  E  L  S  A  D  G  V  T  C  L  D  I  D  E  C  R  H  N  N
1081 GTGGATGTCAAAGAATATGTGACAATAGCCATGGTGGATACTCCTGTGCATGTCCAACAGGAGAGAAATTACACATCGATGGCCGGACAT
231  G  G  C  Q  R  I  C  D  N  S  H  G  G  Y  S  C  A  C  P  T  G  E  K  L  H  I  D  G  R  T
1171 GTATTCCTGAAGATGGATGTGAAGTTGATAATGGTGGATGTCATCACCAGTGTGTTTCTTATTCTCAAGGGAGGTATGCCTGTCAGTGCC
261  C  I  P  E  D  G  C  E  V  D  N  G  G  C  H  H  Q  C  V  S  Y  S  Q  G  R  Y  A  C  Q  C
1261 ACACTGGATTCAGACTGAATGATGATGGTAAAACTTGCAGAAGGTACAATCCTTGTGCGTTGCGTAATGGAGGTTGCCAGCACATTTGCA
291  H  T  G  F  R  L  N  D  D  G  K  T  C  R  R  Y  N  P  C  A  L  R  N  G  G  C  Q  H  I  C
1351 CCAATAGCATGGATACTGCTATATGCACGTGTAGACATGGCTATGAACTGTCTAATGACTTCCAAAGTTGTGTTGATATTGATGAATGTG
321  T  N  S  M  D  T  A  I  C  T  C  R  H  G  Y  E  L  S  N  D  F  Q  S  C  V  D  I  D  E  C
1441 CAACGCCAGGAAGTTGCCAACAGAACTGTCTGAACACAGAAGGATCATTCCGTTGCAGTTGTAATTCATCATACACCCTCACAGAGGATG
351  A  T  P  G  S  C  Q  Q  N  C  L  N  T  E  G  S  F  R  C  S  C  N  S  S  Y  T  L  T  E  D
1531 GGAGAAGTTGCAGAGACAGGTACACCATTGGCATTGATATATTTGATATATGTCGCTCTGAGACATGTGGCGGGCTCGGCGATTGTGTGG
381  G  R  S  C  R  D  R  Y  T  I  G  I  D  I  F  D  I  C  R  S  E  T  C  G  G  L  G  D  C  V
1621 TGGTGAATGGAACCGGGATCTGTCAATGCCTAGAAGGCTACCAGGTTGCAGACTATAATCCCCTTCTCTGTGTTGATATCAACGAATGTG
411  V  V  N  G  T  G  I  C  Q  C  L  E  G  Y  Q  V  A  D  Y  N  P  L  L  C  V  D  I  N  E  C
1711 AGGGCGCTAATTGCTGCGAGGATGGGCATAAGTGTTTGAACATGATTGGTTCATACAGGTGCACATGTAACAGTGGGTTCATACAGACCC
441  E  G  A  N  C  C  E  D  G  H  K  C  L  N  M  I  G  S  Y  R  C  T  C  N  S  G  F  I  Q  T
1801 CTGACGGCTGTGGCTGTAAGGATATTGATGAATGCGCTGCCGATGACTATGGTCAATGCGCTCAGTATTGTCTCAATACGGTTGGAGGAC
471  P  D  G  C  G  C  K  D  I  D  E  C  A  A  D  D  Y  G  Q  C  A  Q  Y  C  L  N  T  V  G  G
1891 ATACATGTTACTGTGAAAAAGGCTTCATAAATCTTAATAATGGAAGAGTTTGTCAACAGGCACCTACAATCCAGTTTGAAGCATCGCCCG
501  H  T  C  Y  C  E  K  G  F  I  N  L  N  N  G  R  V  C  Q  Q  A  P  T  I  Q  F  E  A  S  P
1981 CACCACCTTTCAATTTTCCTAACAACAATGACCAACGGGCTGCACTCAGTGAAGGAAATTCTAGTTTGATCTGTGGCGAGGGCACTTTCG
531  A  P  P  F  N  F  P  N  N  N  D  Q  R  A  A  L  S  E  G  N  S  S  L  I  C  G  E  G  T  F
2071 GGCCACGGTGCCAGTATGACTGTGACAGTTGCATGAGAGGAGGCATCTGTAATGATGAAAATAATGGCTGCATTTGCCCATCTGGTTGGA
561  G  P  R  C  Q  Y  D  C  D  S  C  M  R  G  G  I  C  N  D  E  N  N  G  C  I  C  P  S  G  W
2161 CTGGACTTCTCTGTAATGAAACCTGTCCAGCAAGATTCTATGGCATTGACTGTGAGCAGGAATGCCCATGTCAGAATGGTGGTACATGTG
591  T  G  L  L  C  N  E  T  C  P  A  R  F  Y  G  I  D  C  E  Q  E  C  P  C  Q  N  G  G  T  C
2251 ACCCAGAGACAGGTGACTGCACCTGCCCCCCTGGGGTATCAGGTGACTTCTGTGAAGATGGTTGCCCTCCTGGTCACTTTGGTCGAAGCT
621  D  P  E  T  G  D  C  T  C  P  P  G  V  S  G  D  F  C  E  D  G  C  P  P  G  H  F  G  R  S
2341 GTAAAAAATCTTGCCAGTGTCCAACAGGCATTCCTTGTACCAAGAGGTTTGGAATCTGCCTATGTCAGCCAGGATATTTTGGAGGACAGT
651  C  K  K  S  C  Q  C  P  T  G  I  P  C  T  K  R  F  G  I  C  L  C  Q  P  G  Y  F  G  G  Q
2431 GTGAACAACCATGTCCCAGGTTTTTCTATGGTGCAGGCTGCAGGCAGAACTGTGACTGTCACGCCACTAATTCCAATGGCTGTGACCCTG
681  C  E  Q  P  C  P  R  F  F  Y  G  A  G  C  R  Q  N  C  D  C  H  A  T  N  S  N  G  C  D  P
2521 TCGACGGTACCTGCTTGTGTAACCCGGGGTTTGAAGGAGATAGGTGTCAAGATGAATGCCCCCTCGGTCATTACGGTGAAGAGTGCAGAC
711  V  D  G  T  C  L  C  N  P  G  F  E  G  D  R  C  Q  D  E  C  P  L  G  H  Y  G  E  E  C  R
2611 ATATTTGCCAGTGTCAGGATGCCAATGCTTGTAACAAAGTAACAGGTGAATGTAGCCTGGAGTGCCCTGCAGGATACACAGGAGAAGCAT
741  H  I  C  Q  C  Q  D  A  N  A  C  N  K  V  T  G  E  C  S  L  E  C  P  A  G  Y  T  G  E  A
2701 GTGAAAGACCTTGTGGAATGCGAAAGTACGGAGTGAACTGTAAGTTCACTTGTCACTGCGGGGGTCAGGATTGTAACAGTATCTCAGGCG
771  C  E  R  P  C  G  M  R  K  Y  G  V  N  C  K  F  T  C  H  C  G  G  Q  D  C  N  S  I  S  G
2791 AGTGCTTCTGTGAGGCAGGTACAATGGGACAAGACTGTGCCGAGGAATGTCCTATCGATACATGGGGTGTCAACTGTGTCAATAATTGCA
801  E  C  F  C  E  A  G  T  M  G  Q  D  C  A  E  E  C  P  I  D  T  W  G  V  N  C  V  N  N  C
2881 CATGCGCCGACCACGAGATTTGTGAAAAGTCCAACGGTCAGTGTCTGTGTCCCCGTGGCTTCTTTGGAGACGAATGTTCACAGGCCTGCG
831  T  C  A  D  H  E  I  C  E  K  S  N  G  Q  C  L  C  P  R  G  F  F  G  D  E  C  S  Q  A  C
2971 CTCATGGAAGATGGGGGAGTAACTGTCGCCATACTTGTATCTGTCAGAACGGTGGTATTTGTGACCCTGAGAATGGTGACTGTGCTTGTG
861  A  H  G  R  W  G  S  N  C  R  H  T  C  I  C  Q  N  G  G  I  C  D  P  E  N  G  D  C  A  C
```

```
3061 CACCAGGATGGAGAGGGCTCAGATGTACAACTGAATGTGCTGTGGGTACTTACGGTCAAGATTGTGGTCTTCAATGTGACTGTGAAAACA
891  A P G W R G L R C T T E C A V G T Y G Q D C G L Q C D C E N
3151 GCGCAGGCTGCGATTCAGAAACAGGGGAGTGTATCTGTGCTGATGGATGGAGTGGACCGAGATGTGAAAGCAAATGTCCTCGTGGATTGT
921  S A G C D S E T G E C I C A D G W S G P R C E S K C P R G L
3241 ACGGTCGTAACTGTGAGAATGTCTGTATGTGCAGAAACAATGCTACATGTGATCATATCAGTGGTGCATGCACCTGTGCTCCTGGCTGGA
951  Y G R N C E N V C M C R N N A T C D H I S G A C T C A P G W
3331 CCGGAACTATCTGTAACAAAGCTTGTCCAGATGGTTTCTTTGGATACGAATGTCAGCACAGGTGTGATTGCGGGAACGGTCAGCAATGTA
981  T G T I C N K A C P D G F F G Y E C Q H R C D C G N G Q Q C
3421 GCCCTACTAATGGAGCGTGTGCCTGTCGTCCTGGCTTCACTGGATTCAGCTGTCAACAAGAATGTCCAGTCGGTACCTGGGGTGAAGACT
1011 S P T N G A C A C R P G F T G F S C Q Q E C P V G T W G E D
3511 GTAGAACGAGTTGTGAATGTGCCAACGGTGCAACATGTGACTCTGTTAGCGGTCAGTGTATCTGTGCGTCCGGCTGGACTGGACGTAGAT
1041 C R T S C E C A N G A T C D S V S G Q C I C A S G W T G R R
3601 GCAACCAAGCTTGCTTGCCAGGGTTTTTTGGTGCGGGATGCACCCAAACATGTAGCTGTCCTCTGCATGCAGAGTGTGACCACATCACAG
1071 C N Q A C L P G F F G A G C T Q T C S C P L H A E C D H I T
3691 CAGATTGTAACTGCTATGATGGCTATTGGGGAAGGACTTGTGAGAAAGAATGCAATGCTGGTTTTTACGGTCCAGGCTGTCAGCAGATCT
1101 A D C N C Y D G Y W G R T C E K E C N A G F Y G P G C Q Q I
3781 GTGATTGTATGAATGGAGGTGTTTGCGAGAGATTTAACGGCACATGTCAGTGCAGACCTGGCTATAGTGGAGACCGGTGTGAAGACACCT
1131 C D C M N G G V C E R F N G T C Q C R P G Y S G D R C E D T
3871 GTCCTAGAGATTTCTTTGGTGAGGGATGTATGCAGAGATGTCTATGTCAGAACGGAGCTGATTGTGACTCTATCAGTGGAATCTGTATCT
1161 C P R D F F G E G C M Q R C L C Q N G A D C D S I S G I C I
3961 GCCCCCCTGGATGGAAGGGTGCACAGTGTAATAAACCCTGTTTGGCAGGTTACTATGGTGAAGACTGTCAAGAGATTTGTTACTGTGGTG
1191 C P P G W K G A Q C N K P C L A G Y Y G E D C Q E I C Y C G
4051 TCGGTAACCCTTGCAATCATGTGACCGGTGATTGCGTATGTCCAGTGGGCTACACAGGGACAGAGTGCAGTGAGGCTTGTCCTGAGGGTA
1221 V G N P C N H V T G D C V C P V G Y T G T E C S E A C P E G
4141 CCTGGGGCCAAGATTGTACAGAGAGCTGTTCCTGTGGGGCTAATCAGGTCTGCAGTCCGATTACTGGTGAATGTTCGTGTCGCCCTGGTT
1251 T W G Q D C T E S C S C G A N Q V C S P I T G E C S C R P G
4231 ACCGGGGGAGACACTGCAGCAGAGATTGTCACGAAGGGTCTTATGGACCTAACTGCCTTCAAGAATGCCAATGTGAGAATGGGGGTACTT
1281 Y R G R H C S R D C H E G S Y G P N C L Q E C Q C E N G G T
4321 GTAATCATAATGATGGTTCCTGTTCCTGCACAGATGGCTATATTGGAAGCCTTTGTGAATTATCTTGTCCAGAGGGAACCTACGGACGAA
1311 C N H N D G S C S C T D G Y I G S L C E L S C P E G T Y G R
4411 ACTGTGCTGAAAGATGTGAATGTCAAAATGGTGGTTCTTGCCATAACATCACAGGAGAGTGTACATGTCCAGCAGGGTACACTGGTCCTA
1341 N C A E R C E C Q N G G S C H N I T G E C T C P A G Y T G P
4501 AGTGTGAAAGAGGATGCCAAGAAGGAAGATTTGGTGAATACTGTCAAAGTGTGAAAGACTGCTTGAATGGAGGTATATTGGATCCAGTGA
1371 K C E R G C Q E G R F G E Y C Q S V K D C L N G G I L D P V
4591 CTGGACGATGCCAGTGTCCCATGGGATGGATGGGCAACATGTGTGACCAAGAATGTTCCTCTGATCAGTATGGGCCGAACTGTGAGCTCT
1401 T G R C Q C P M G W M G N M C D Q E C S S D Q Y G P N C E L
4681 CCTGTCAGTGTCTAAATGGAGGCCGTTGTGACAGATATACTGGATGCTGTGAATGCAGTGATGGTTATTACGGACACAACTGTCAATTTA
1431 S C Q C L N G G R C D R Y T G C C E C S D G Y Y G H N C Q F
4771 CTTGCCCTCAAGGGTCATACGGTCCTTACCGTGCGGAGAAGTGTGACTGTCACAGAGACGCACAGTGTGATCCTGTCACGGGTCAGTGTA
1461 T C P Q G S Y G P Y R A E K C D C H R D A Q C D P V T G Q C
4861 GATGTCCAGCTGGGAGGACGGGACCAGAGTGCAAACAGACATGTCCTACTGGATTTTTTGGATCCAACTGTTTTCAACTATGTGACTGTG
1491 R C P A G R T G P E C K Q T C P T G F F G S N C F Q L C D C
4951 CTAATATGACGCAGTGCAACCCAGCTACGGGTGTGTGTGAATGTCCCCCAGGATTTACTGGAGATACATGCCAAACAGAATGTCCAGAAG
1521 A N M T Q C N P A T G V C E C P P G F T G D T C Q T E C P E
5041 GCAAGTTTGGACCAGACTGCTCTCTAAACTGTGACTGTTTAAATGGAGCATCATGTGATTCAGTAACAGGGTCTTGTCTCTGTGTAAATG
1551 G K F G P D C S L N C D C L N G A S C D S V T G S C L C V N
5131 GACACTTTGGAGCCAGGTGTCAACTTAATTCTCTCAGTGAAAGGCTACGAGGAGATCTTGCAGGAAATTTTTAACTTTTTGCCACAAGTA
1581 G H F G A R C Q L N S L S E R L R G D L A G N F *
5221 TCCTTTTAGTGCCAGTGAGGGAGGTATCTTAACTTCTGGCCGCTAGTATCCTGATTAGTGCCGGAGGTATCGTCGGTCATGCCAGAGAGG
5311 ATGAGGAGAGCAAAGATATGAAGAAGACTCGAGACTACTAACTCAGAGATATTCACACTCTGTAAATATGTTCCTCTGGCAACCAGAGGA
5401 ATGTTTGGTACCCTTAGTGTTGTCATATCTGGGTAGTAATTATAGAGGTGAAAATAACCACCATCAAGGTGTTTGAAGAGGTAATCAAAA
5491 AAGCTGCCTTCCCTCCCTGAACACACATCAAACATGATGGTGGTGCATCTACTGCTGTTTGTGGGTGAAGACTCCTCCCAGTGGGGGAGA
5581 AACAGACAAATATTTGACAATGTGTGATGGACATGGAGTAGATTTGTATGTATTTAAAAATTCAGTATTTTGTAAAAAAAAAAAA
```

(B)

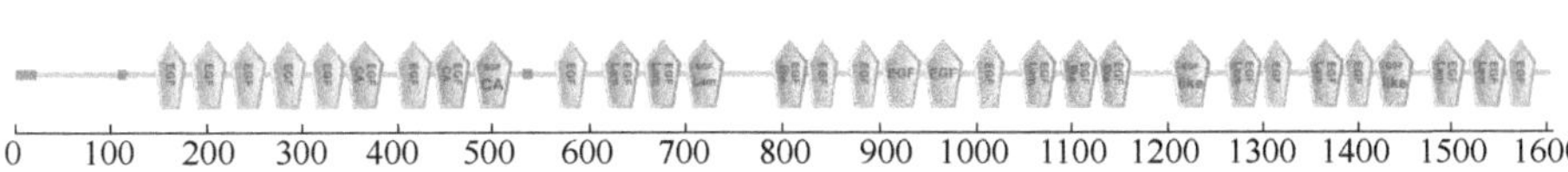

图 3-4 *Aj-megf6* 的 cDNA 序列与对应的氨基酸序列

（A）*Aj-megf6* 基因 cDNA 及氨基酸序列；（B）*Aj*-MEGF6 蛋白的结构域；实线框为起始、终止密码子，虚线框为信号肽，横线为 EGF 结构域

表 3-1 *Aj*-MEGF6 的氨基酸组成

名称	数量 / 个	百分比 /%	名称	数量 / 个	百分比 /%
Ala（A）	64	4.0	Lys（K）	27	1.7
Arg（R）	81	5.0	Met（M）	18	1.1
Asn（N）	97	6.0	Phe（F）	48	3.0
Asp（D）	92	5.7	Pro（P）	80	5.0
Cys（C）	255	15.9	Ser（S）	89	5.5
Gln（Q）	85	5.3	Thr（T）	97	6.0
Glu（E）	95	5.9	Trp（W）	15	0.9
Gly（G）	218	13.6	Tyr（Y）	62	3.9
His（H）	33	2.1	Val（V）	44	2.7
Ile（I）	50	3.1	Pyl（O）	0	0
Leu（L）	54	3.4	Sec（U）	0	0

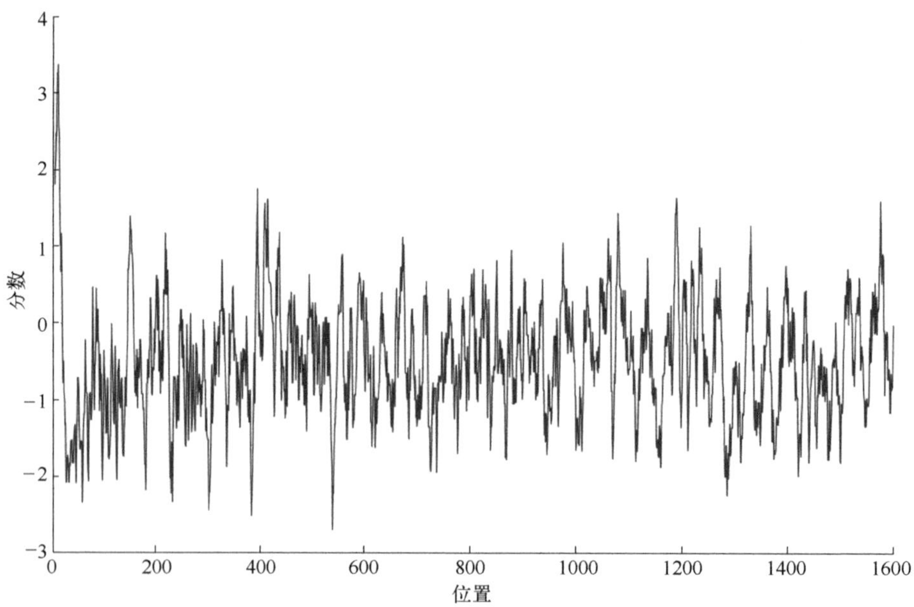

图 3-5 *Aj*-MEGF6 的亲水性、疏水性预测

表 3-2 *Aj*-MEGF6 磷酸化位点预测

名称	位置	周围序列	分值	名称	位置	周围序列	分值
Ser	20	QFETSLGQY	0.521	Thr	378	SYTLTEDGR	0.510
	25	LGQYSSRDT	0.996		470	GFIQTPDGC	0.959
	33	THGSSYNRY	0.775		901	LRCTTECAV	0.885
	38	YNRYSGTGQ	0.981		983	GWTGTICNK	0.707
	240	ICDNSHGGY	0.662		1036	CPVGTWGED	0.804
	343	NDFQSCVDI	0.959		1160	RCEDTCPRD	0.559
	383	EDGRSCRDR	0.996		1241	GYTGTECSE	0.726
	529	QFEASPAPP	0.876		1546	DTCQTECPE	0.967
	547	RAALSEGNS	0.859	Tyr	106	WCVGYERRT	0.513
	552	EGNSSLICG	0.903		124	YERQYVTKY	0.949
	650	HFGRSCKKS	0.943		163	CNGGYSQMC	0.942
	654	SCKKSCQCP	0.526		244	SHGGYSCAC	0.691
	797	QDCNSISGE	0.583		286	SQGRYACQC	0.610
	799	CNSISGECF	0.674		335	CRHGYELSN	0.539
	926	AGCDSETGE	0.511		375	CNSSYTLTE	0.667
	1044	DCRTSCECA	0.978		388	CRDRYTIGI	0.532
	1055	ATCDSVSGQ	0.521		424	CLEGYQVAD	0.599
	1269	NQVCSPITG	0.517		487	AADDYGQCA	0.931
	1287	GRHCSRDCH	0.850		1218	QEICYCGVG	0.585
	1319	DGSCSCTDG	0.795		1295	HEGSYGPNC	0.786
	1387	EYCQSVKDC	0.786		1324	CTDGYIGSL	0.860
	1466	CPQGSYGPY	0.747		1338	PEGTYGRNC	0.919
	1571	ASCDSVTGS	0.765		1424	SSDQYGPNC	0.929
Thr	29	SSRDTHGSS	0.884		1443	RCDRYTGCC	0.681
	110	YERRTAYYT	0.716		1453	CSDGYYGHN	0.871
	115	AYYTTYRLV	0.753		1454	SDGYYGHNC	0.877
	302	DDGKTCRRY	0.626				

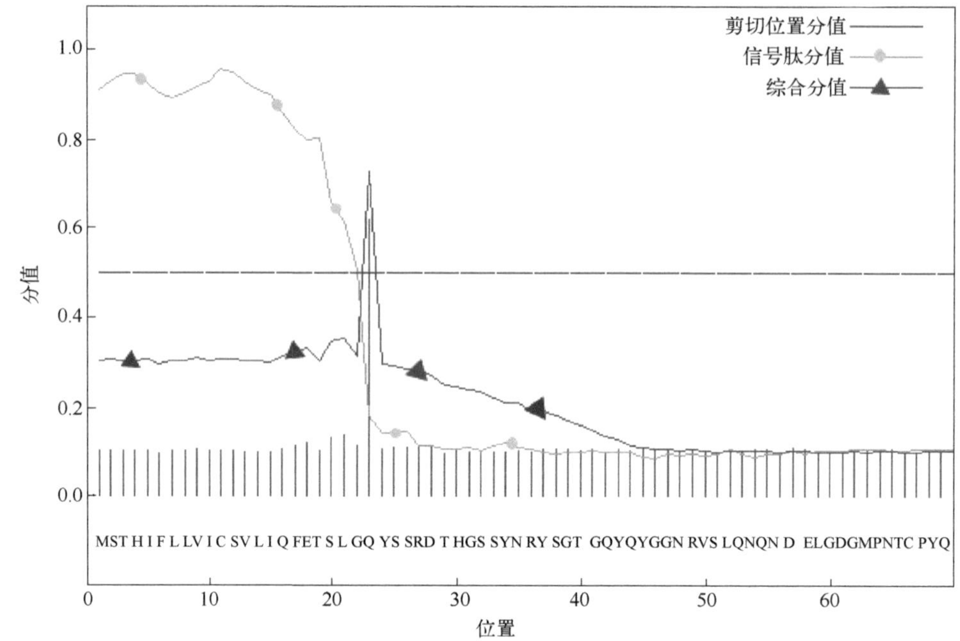

图 3-6 *Aj*-MEGF6 的信号肽位置

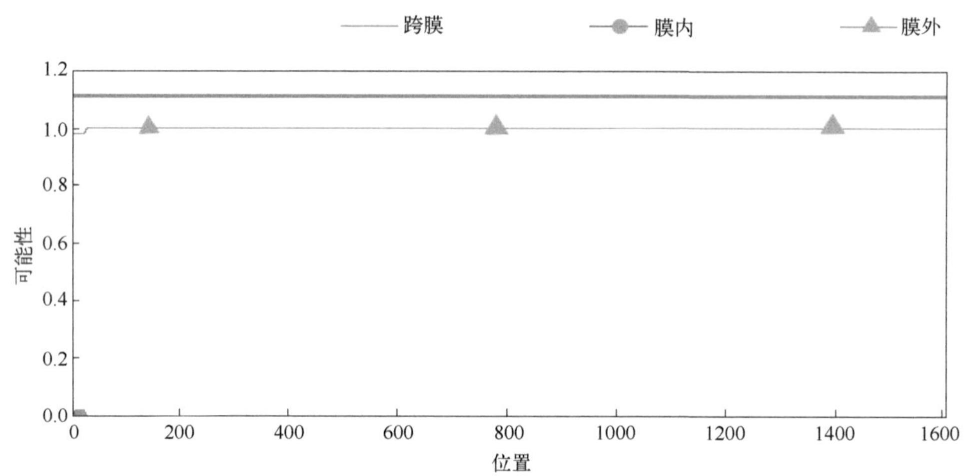

图 3-7 *Aj*-MEGF6 跨膜区域预测

表 3-3 *Aj*-MEGF6 的二级结构预测

名称	数量 / 个	百分比 /%
α 螺旋	173	10.79
β 转角	197	12.28
延伸链	286	17.83
无规则卷曲	948	59.10

五、*Aj-megf6* 基因在肠再生过程中的表达模式

仿刺参吐脏后 3 ～ 21d 的再生过程中，*Aj-megf6* 基因 mRNA 相对表达量先上升再下降，再生 6d 时表达量最高，为 126.47；6 ～ 21d 时，表达量出现下降趋势。在 3 ～ 21d，仅 18d、21d 时 *Aj-megf6* 表达量与对照组水平无显著差异，其余时期都存在显著甚至极显著的差异（$P < 0.05$ 或 $P < 0.01$）（图 3-8）。

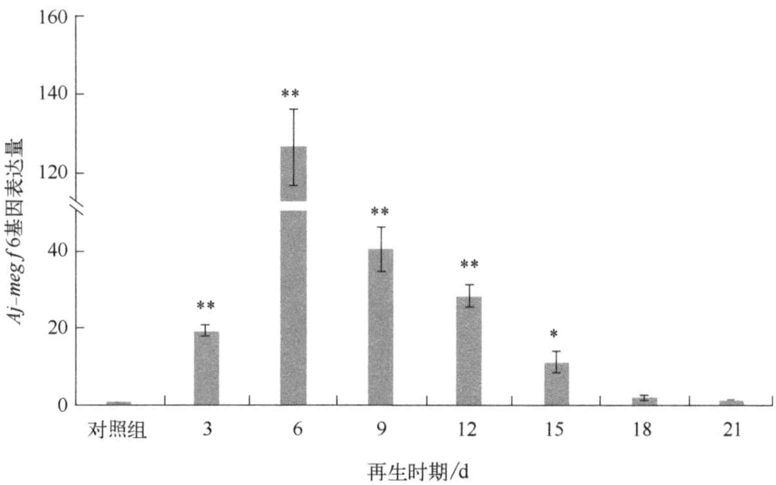

图 3-8　再生过程中 *Aj-megf6* 的表达

* 代表与对照组差异显著（$P < 0.05$），** 代表差异极显著（$P < 0.01$）

再生是一个与发育类似的复杂过程，也是一个多基因调控的生理现象。一般认为海参吐脏再生涉及两种机制，即变形再生和新建再生。变形再生指海参排脏后的残留组织来构造新的器官，而相应的细胞是由迁移、分化而来。新建再生是指细胞发生分裂、增殖活动，新生细胞取代了原有的部位，形成一个新的胚基 [28]。不同的海参群体有自己的再生机制，而仿刺参肠再生涉及的机制应是两种相融合的情况 [29]，早期以变形再生（迁移）为主，后期以新建再生（增殖）为主 [30]。

Aj-megf6 在仿刺参肠再生过程中高表达，其中 6d 时为最高；再生 18d 时，降至对照组水平。根据王霞等 [31] 对仿刺参消化道再生的研究结果，6d 时正是仿刺参吐脏后，食道与胃部断裂处、肠系膜断裂处的伤口愈合以及原基形成阶段，有大量细胞分化和增殖现象发生。另有研究发现，在仿刺参肠再生

的 3d，浆膜层、结缔组织层中增殖细胞比例不到 3%，而再生的第 7d，细胞增殖现象明显，约占细胞总数的 29.5%，再生 14 ～ 21d，细胞分裂活动减弱，肠腔上皮细胞分裂率下降至 14.2% [30]。而在另一种海参 *Holothuria glaberrima* 的再生研究中也发现类似规律，再生 6d 时增殖细胞所占比例最高，为 12%，12d 时下降至 6%，并在再生后期逐渐下降 [32]。通过形态观察发现，再生过程中的肠管随时间而逐渐延长，15d 时再生肠管前后贯通，仿刺参具有摄食和消化行为；18 ～ 21d 肠管进一步生长及复杂化。*Aj-megf*6 基因表达量的变化趋势与肠管形态变化相吻合，推断 *Aj-megf*6 基因与仿刺参肠再生活动密切相关。

第三节　仿刺参 MEGF6 蛋白的特征及调控作用

一、*Aj*-MEGF6 的同源性及进化关系

利用 Clustal X 和 DNAman 将 *Aj*-MEGF6 序列与从 GenBank 中选取的其他 18 种生物的 MEGF6 序列进行比对，得出仿刺参与其他 18 种生物的 MEGF6 氨基酸序列的一致性为 38.59% ～ 49.07%，与紫球海胆的一致性最高，为 49.07%，长棘海星次之，为 48.71%。总体而言，这 19 个物种在 EGF 结构域部分的序列高度保守（图 3-9）。

为通过 MEGF6 蛋白的序列同源性，确定仿刺参与其他 18 种生物在进化过程中的亲缘关系，以 Clustal X、MEGA4.1（NJ 法）构建系统进化树。进化树主体分为 2 大支（图 3-10）：第一大支为脊椎动物，包括斑马宫丽鱼、脂鲤、龙头鱼、青鳉、大弹涂鱼、副长颌鱼、虹鳟、鬃狮蜥、褐家鼠、家犬、密西西比鳄、西部锦龟、墨西哥箱龟。第二大支为无脊椎动物，包括种类有长牡蛎、伪旋毛虫、囊舌虫、仿刺参、长棘海星、紫球海胆。从构建进化树的结果中可以看出，仿刺参与 18 种生物所处的位置符合其分类地位，而且同一大类物种聚为一支，仿刺参与长棘海星、紫球海胆分属一支，说明它们的进化地位相似，这也与仿刺参隶属棘皮动物的分类事实一致。

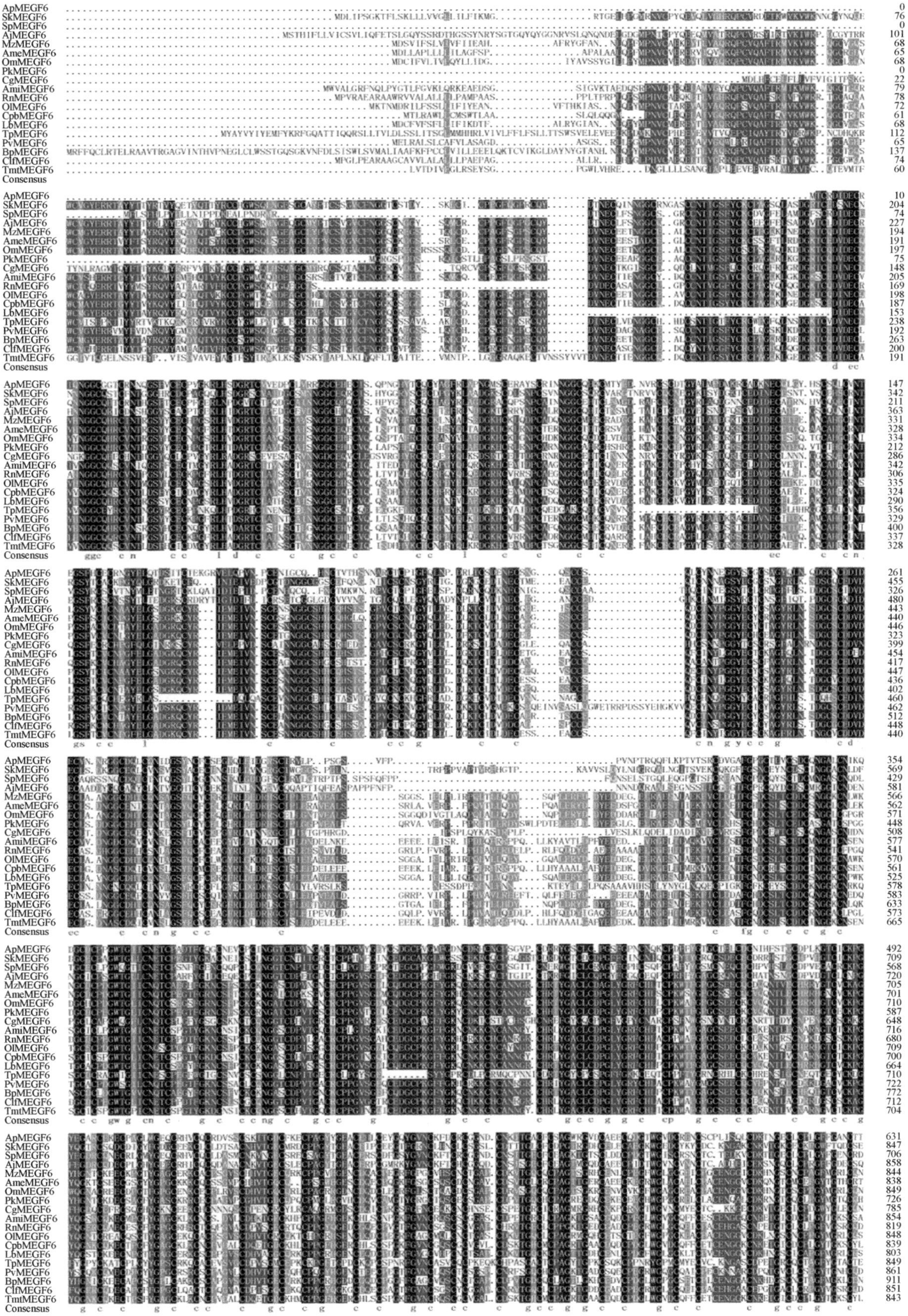

图 3-9

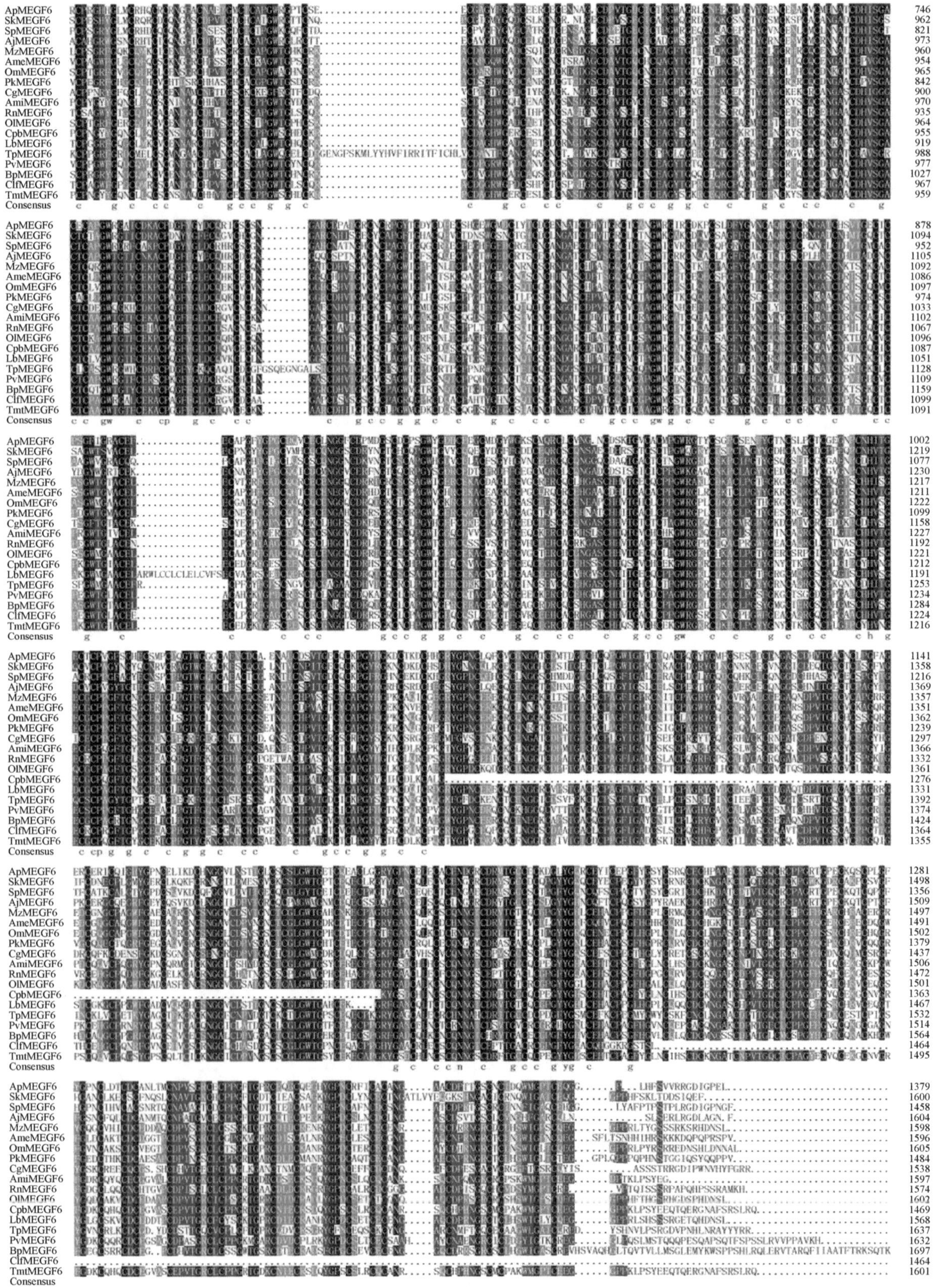

图 3-9　*Aj*-MEGF6 的同源性比对

黑色表示同列氨基酸相似度 =100%，深灰色为相似度≥ 75%，灰色为相似度≥ 50%，浅灰色为相似度≥ 33%

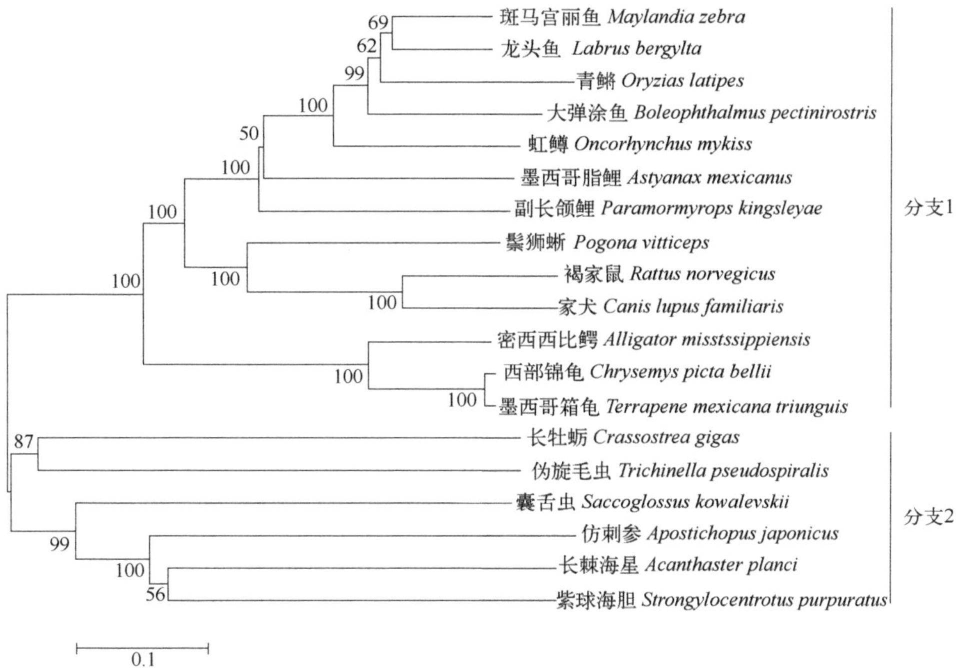

图 3-10　基于 19 种动物 MEGF6 序列的 NJ 系统进化树

通过与 18 种其他生物的 MEGF6 蛋白的氨基酸序列比较发现，19 种生物的 MEGF6 蛋白中的氨基酸数量为 1379 ～ 1717，*Aj*-MEGF6 的氨基酸序列与同源性最高的紫球海胆 MEGF6 相比，多出 146 个氨基酸，与长棘海星相比，多出 225 个氨基酸；与脊椎动物的 MEGF6 相比，氨基酸数量差值为 -113 ～ 140，未表现出明显规律。通过多序列比对，发现 *Aj*-MEGF6 序列与紫球海胆、长棘海星最相似；构建的 NJ 系统进化树显示仿刺参与紫球海胆、长棘海星聚为一个分支。这些结果表明 MEGF6 在生物进化中具有一定的保守性，并且符合仿刺参与紫球海胆、长棘海星同为棘皮动物的分类事实。从 EGF 样结构域数量对比发现，仿刺参、紫球海胆、长棘海星分别为 37、33、35 个，而人为 34 个，虹鳟为 35 个，可见 EGF 样结构域数量在不同物种间存在差异，且与进化地位不存在相关性。

为了探究 MEGF 家族内的进化关系，利用仿刺参 MEGF6 与 MEGF 家族中其他 39 条 MEGF 序列，构建了 NJ 进化树。进化树总体分为 2 支：

MEGF10、MEGF11、MEGF12、MEGF6、MEGF7、MEGF9、MEGF8 为一大支；MEGF2、MEGF3、MEGF1、MEGF4、MEGF5 为另一大支（图 3-11）。MEGF 家族成员间比对分析表明，MEGF1 ～ 12 间具有比较明显的分化现象，分属同类别 MEGF 的物种均能聚成一支。在人的 MEGFs 成员中，氨基酸数量为 602 ～ 4349 个，MEGF9 最短，MEGF1 最长，EGF 样结构域 2 ～ 34 个，MEGF6 最多。与家族其他成员相比，MEGF6 与 MEGF10、MEGF11 的氨基酸序列最为相似[33, 34]，在本次构建的进化树中，也可看到 MEGF6 与 MEGF10、MEGF11 聚为一支。*megf*6 与 *megf*10、*megf*11 在后生动物中都是保守的基因，但 *megf*10、*megf*11 在扁虫中丢失，*megf*6 在昆虫中丢失[34]。

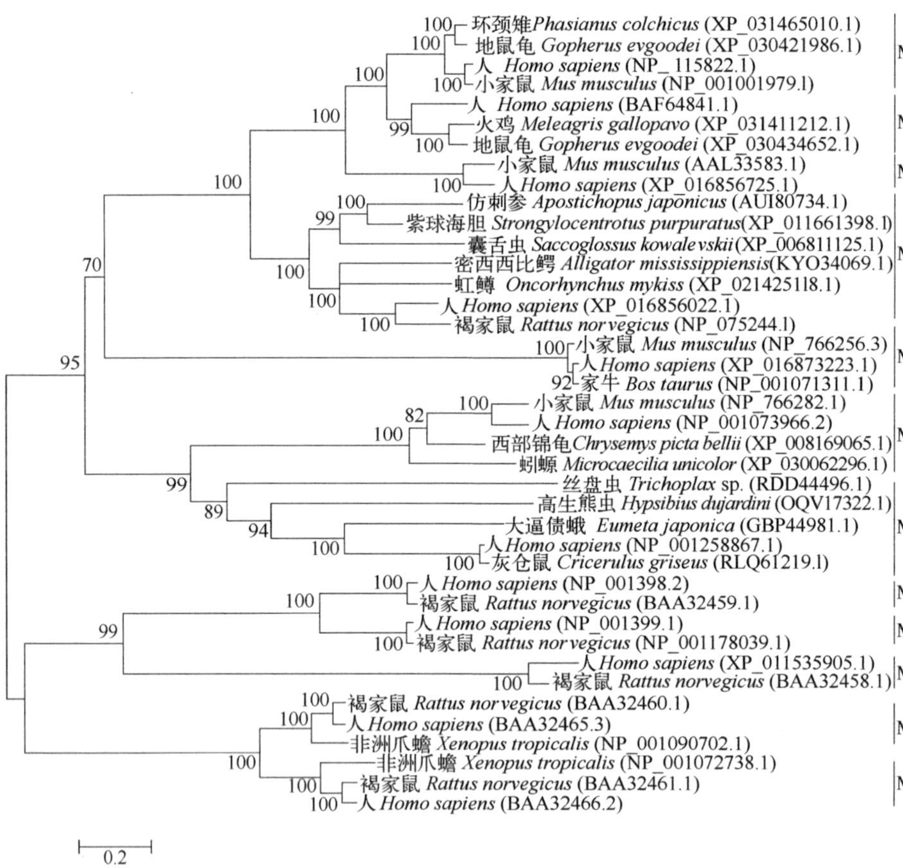

图 3-11　基于 40 条 MEGFs 序列的 NJ 系统进化树

二、*Aj*-MEGF6 重组蛋白的获得、表达与纯化

（一）蛋白表达序列的选择

由于 *Aj*-MEGF6 蛋白相对分子质量比较大，因此仅选取其中一段氨基酸（序列位置为 1101-1435）进行原核表达，选取部分的分子质量为 35.8kDa。在原核表达用引物的 5′端分别增添内切酶酶切位点保护碱基，进行双酶切、连接反应、转扩 *E.coli* DH5α 和 BL21，并提取质粒。

（二）*Aj*-MEGF6 的诱导表达

在四种条件下诱导重组蛋白，即 0.25mmol/L IPTG、30℃，0.25mmol/L IPTG、37℃，1mmol/L IPTG、30℃，1mmol/L IPTG、37℃。电泳结果显示四种条件下诱导 *Aj*-MEGF6 重组蛋白并无差异［图 3-12（A）］，*Aj*-MEGF6 重组蛋白条带在蛋白 Marker 45kDa 刻度附近。生物信息学分析预测原核表达选取的 *Aj*-MEGF6 片段蛋白分子质量为 35.8kDa，加上 pET-30 载体的分子质量，*Aj*-MEGF6 重组蛋白条带所处位置是符合客观实际的。

（三）*Aj*-MEGF6 的可溶性检测及纯化

由于四种条件下诱导 *Aj*-MEGF6 重组蛋白的结果无明显差异，所以选择浓度为 0.25mmol/L IPTG、30℃条件诱导培养 3h。将菌样破碎，电泳检测发现重组蛋白在沉淀中［图 3-12（B）］。

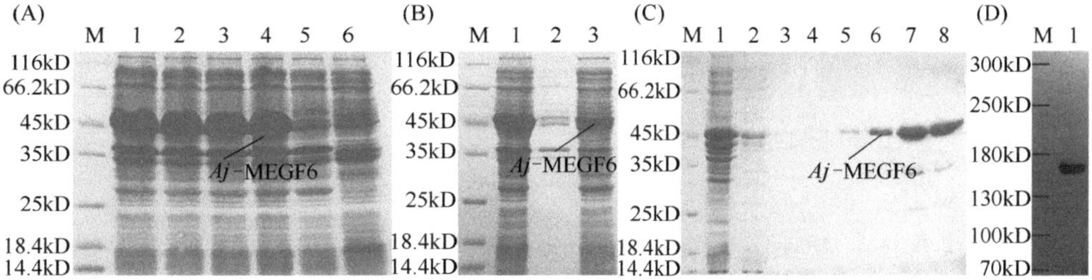

图 3-12 *Aj*-MEGF6 重组蛋白表达、检测及纯化

M 为蛋白 Marker，刻度自 14.4kDa 到 116kDa，70kDa 到 300kDa；（A）中 1 至 4 道：30℃、0.25mmol/L IPTG，37℃、0.25mmol/L IPTG，30℃、1mmol/L IPTG，37℃、1mmol/L IPTG 四种条件下重组蛋白，5 道为未诱导蛋白，6 道为 pET-30a 空载体；（B）中 1 道为 *Aj*-MEGF6 重组总蛋白，2 道为上清液，3 道为沉淀液；（C）中 1 道为 *Aj*-MEGF6 重组蛋白；2 道为流穿液；3 至 8 道分别为 10、20、40、60、80、100mmol/L 咪唑洗脱液；（D）中 1 道为 *Aj*-MEGF6 蛋白与抗体的特异性结合

利用镍柱纯化重组蛋白，电泳检测显示当使用咪唑溶液的浓度在40mmol/L及以上时，即可将*Aj*-MEGF6重组蛋白洗脱下来［图3-12（C）］。选择用80mmol/L咪唑洗脱下的*Aj*-MEGF6重组蛋白经过纯化、透析，得到比较纯净的*Aj*-MEGF6重组蛋白。制备抗体，经ELISA检测，抗体效价符合标准。WB实验显示，抗体可特异结合*Aj*-MEGF6［图3-12（D）］。

三、*Aj*-MEGF6的免疫荧光定位

利用免疫荧光技术，对肠再生过程中*Aj*-MEGF6蛋白在肠组织的表达定位进行研究。根据生物信息学的预测，*Aj*-MEGF6的52.2%在细胞核，所以选取DAPI标记细胞核（附图2 A1～H1），抗体标记*Aj*-MEGF6蛋白（附图2 A～H），并将抗体标记目标蛋白、DAPI标记细胞核的图像进行融合处理（附图2 A2～H2），同时仅以第二抗体对样品进行标记作为对照（附图2 A3～H3）。结果表明，在再生的肠组织中，*Aj*-MEGF6集中于肠腔上皮、体腔上皮中，而结缔组织和肌肉组织中分布比较少。通过局部放大图像，可见*Aj*-MEGF6并不是定位于细胞核中，而是在细胞质和细胞外（附图3）。

四、*Aj*-MEGF6、CDH1与SNAI2的调控关系

在仿刺参肠再生过程中，*Aj*-MEGF6蛋白表达总体表现出先升高再下降的变化趋势。从3～9d，*Aj*-MEGF6蛋白表达上调，而且在9d时达到峰值，为对照组的9.32倍；从9～21d，*Aj*-MEGF6蛋白表达下调。3～18d时再生组与对照组存在极显著或显著差异（$P < 0.01$或$P < 0.05$）。CDH1蛋白在仿刺参肠再生过程中表现为先下降再升高，在3～12d显著下降（$P < 0.05$），然后逐渐恢复到对照组状态。SNAI2蛋白的表达趋势与*Aj*-MEGF6基本一致，在3～15d，与对照组的表达水平有显著差异（$P < 0.05$）（图3-13）。

肠系膜的形态变化往往被认为是消化道再生的关键环节[31]。再生初期，肠系膜游离处组织变厚，该过程涉及体腔上皮细胞的去分化、增殖、再分化[31]。形成肠管的细胞主要是来自肠系膜增厚区的间充质细胞[35]。有学者发现，MEGF6有促进细胞增殖、黏附、变性等作用[18, 36]。通过免疫荧光定位，发现

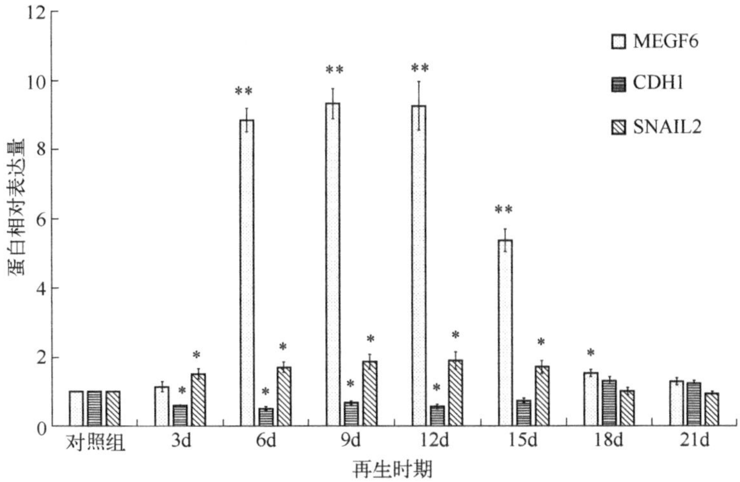

图 3-13 WB 检验 *Aj*-MEGF6、CDH1 和 SNAI2 的表达变化

* 代表与对照组差异显著（$P < 0.05$），** 代表差异极显著（$P < 0.01$）

MEGF6 主要位于肠腔上皮和体腔上皮中，而肠上皮的形态变化是肠再生的主要事件。因此推测 MEGF6 的 EGF 样结构域与 EGFR 结合[34]，通过转化生长因子 β（Tgf β）/Smad 途径介导来上调 SNAI2。SNAI2 可促进 Cyclin D1 表达，引起细胞分裂增殖[37, 38]。已有研究表明，SNAI 家族（Snail and Slug）也是 CDH1（E- 钙黏蛋白 1，cadherin1）的抑制因子之一[39, 40]，CDH1 可调控基底膜细胞间的连接[41]。CDH1 沉默会引起细胞生长、分裂、迁徙[42]，而促使上皮 - 间充质细胞转化（EMT）是其重要机制之一[43]。*megf6* 基因敲除可以显著抑制 SNAI2 的 mRNA 表达，而且癌症基因组图谱（TCGA）显示，*megf6* 基因 mRNA 的表达与 SNAI2 的表达呈正相关关系[38]。当 *megf6* 上调可诱导 SNAI2 的表达，抑制 CDH1，进而促进 EMT，引起细胞转化、迁移，而间充质细胞可成为祖细胞，因其可更新、分化，为伤口愈合提供基础[38]。仿刺参再生肠腔上皮层是来自肠系膜增厚处的间充质细胞[30]，因此，推测在仿刺参肠再生过程中，*Aj*-MEGF6 与 EGFR 结合，上调 CDH1 的抑制因子 SNAI2 表达，引起 EMT，为实现肠组织的重构提供了基础。随着再生肠管的生长延伸，再生 18d 时，仿刺参再生肠管已基本恢复至正常状态，*Aj*-*megf6* 的表达下调，肠管中细胞的增殖、分化活动减弱。

参考文献

[1] Nakayama M，Nakajima D，Nagase T，et al. Identification of high-molecular-weight proteins with multiple EGF-like motifs by motif-trap screening[J]. Genomics，1998，51：27-34.

[2] Sunnerhagen M S，Persson E，Dahlqvist I，et al. The effect of aspartate hydroxylation on calcium binding to epidermal growth factor-like modules in coagulation factors Ⅸ and Ⅹ [J].Journal of biological chemistry，1993，268（31）：23339-23344.

[3] Wouters M A，Rigoutsos I，Chu C K，et al. Evolution of distinct EGF domains with specific functions [J]. Protein Science，2005，14（4）：1091-1103.

[4] Chim S M，Qin A，Tickner J，et al. EGFL6 promotes endothelial cell migration and angiogenesis through the activation of extracellular signal-regulated kinase [J]. Journal of Biological Chemistry，2011，286（25）：22035-22046.

[5] Singh A B，Harris R C. Autocrine，paracrine and juxtacrine signaling by EGFR ligands[J]. Cellular Signalling，2005，17（10）：1183-1193.

[6] Schlessinger J. Cell signaling by receptor tyrosine kinases[J]. Cell，2000，103（2）：211-225.

[7] Wells A. EGF receptor[J]. The International Journal of Biochemistry&Cell Biology，1999，31（6）：637-643.

[8] Milani S，Paladini I，Orsini B，et al. Role of epidermal growth factor in peptic ulcer healing[J]. Digestive Diseases Sciences，1995，40（11）：2497-2504.

[9] Nagase T，Nakayama M，Nakajima D，et al. Prediction of the coding sequences of unidentified human genes. XX. The complete sequences of 100 new cDNA clones from brain which code for large proteins in vitro[J]. DNA Research，2001，8（2）：85-95.

[10] Scheib J L，Sullivan C S，Carter B D. Jedi-1 and MEGF10 signal engulfment of apoptotic neurons through the tyrosine kinase Syk [J]. Journal of Neuroscience，2012，32（38）：13022-13031.

[11] Letunic I，Bork P. 20 years of the SMART protein domain annotation resource [J]. Nucleic Acids Research，2017，46（D1）：D493-D496.

[12] Barlan K，Cetera M，Horne-Badovinac S. Fat2 and Lar define a basally localized planar signaling system controlling collective cell migration [J]. Developmental Cell，2017，40（5）：467-477.

[13] Formstone C J，Little P F. The flamingo-related mouse Celsr family（Celsr1-3）genes exhibit distinct patterns of expression during embryonic development[J]. Mechanisms of Development，2001，109（1）：91-94.

[14] Ahn Y，Sims C，Logue J M，et al. Lrp4 and wise interplay controls the formation and patterning of mammary and other skin appendage placodes by modulating Wnt signaling [J]. Development，2013，140：583-593.

[15] Twigg S R，Lloyd D，Jenkins D，et al. Mutations in multidomain protein MEGF8 identify a carpenter syndrome subtype associated with defective lateralization [J]. American Journal of Human Genetics，2012，91（5）：897-905.

[16] Zhang Z，Alpert D，Francis R，et al. Massively parallel sequencing identifies the gene Megf8 with ENU-induced mutation causing heterotaxy[J]. Proceedings of the National Academy of Sciences of the United States of America，2009，106（9）：3219-3224.

[17] Kay J N，Chu M W，Sanes J R. MEGF10 and MEGF11 mediate homotypic interactions required for mosaic spacing of retinal neurons [J]. Nature，2012，483：465-469.

[18] Wang Ye，Song Hejie，Wang Wenfeng，et al. Generation and characterization of Megf6 null and Cre knock-in alleles[J]. Genesis，2019，57（2）：e23262.

[19] Lim J，Hao T，Shaw C，et al. A protein-protein interaction network for human inherited ataxias and disorders of Purkinje cell degeneration [J]. Cell，2006，125（4）：801-814.

[20] Teerlink C C，Jurynec M J，Hernandez R，et al. A role for the MEGF6 gene in predisposition to osteoporosis[J]. Annals of Human Genetics，2021，85（2）：58-72.

[21] Mou Y Y，He N B，Su M Y，et al. MiR-1254 and MEGF6 regulates oxaliplatin resistance in human colorectal cancer cells[J]. American journal of translational research，2021，13（1）：183-196.

[22] Qiang N，Ao J J，Nakamura M，et al. MEGF6 knockdown ameliorates lenvatinib-induced muscle differentiation suppression and enhances the antitumor effect of lenvatinib on hepatocellular carcinoma[J]. Biochemical Pharmacology，2025，235：116829.

[23] Liang H，Liu G L，Zeng W H，et al. MEGF6 prevents sepsis-induced acute lung injury in mice[J]. International Immunopharmacology，2023，123：110727.

[24] 李霞，王雪，秦艳杰，等 . 仿刺参 EGFR 基因的克隆与表达分析 [J]. 水产学报，2012，36（1）：41-49.

[25] 谷少伟，米立志 . EGFR 配体生物学效应的多样性 [J]. 中国生物化学与分子生物学报，2019，11：1215-1224.

[26] Milani S，Paladini I，Orsini B，et al. Role of epidermal growth factor in peptic ulcer healing[J]. Digestive Diseases Sciences，1995，40（11）：2497-2504.

[27] 席全胜，钱欣国，甘人宝 . EGF 家族研究进展 [J]. 生命的化学，1999，19（3）：135-137.

[28] Dolmatov I Y，Eliseikina M G，Bulgakov A A，et al.Muscle regeneration in the holothurian *Stichopus japonicus*[J].Rouxs Archives of Developmental Biology，1996，205：486-493.

[29] García-Arrarás J E，Estrada-Rodgers L，Santiago R，et al. Cellular mechanisms of intestine regeneration in the sea cucumber，Holothuria glaberrima Selenka（Holothuroidea，Echinodermata）[J]. Journal of Experimental Zoology，1998，281：288-304.

[30] 孙丽娜 . 仿刺参 *Apostichopus japonicus*（Selenka）消化道再生的组织细胞特征与关键基因分析 [D]. 北京：中国科学院大学，2013.

[31] 王霞，李霞 . 仿刺参消化道的再生形态学与组织学 [J]. 大连海洋大学学报，2007，22（5）：340-346.

[32] San Miguelruiz J E，Garciaarraras J E. Common cellular events occur during wound healing and organ regeneration in the sea cucumber Holothuria glaberrima[J]. BMC Developmental Biology，2007，7（1）：115-115.

[33] Nakayama M，Nakajima D，Nagase T，et al. Identification of high-molecular-weight proteins with multiple EGF-like motifs by motif-trap screening[J]. Genomics，1998，51：27-34.

[34] Lindsay-Mosher N，Chan A，Pearson B J .Planarian EGF repeat-containing genes megf6 and hemicentin are required to restrict the stem cell compartment[J]. PLoS Genetics，2020，16（2）：e1008613.

[35] Shukalyuk A I，Dolmatov I Y. Regeneration of the Digestive Tube in the Holothurian Apostichopus japonicusafter Evisceration[J]. Russian Journal of Marine Biology，2001，27（3）：168-173.

[36] Deribe Y L，Wild P，Chandrashaker A，et al. Regulation of epidermal growth factor receptor trafficking by

lysine deacetylase HDAC6[J]. Science Signaling，2009，2（102）：84-84.

[37] Lee Y，Ko D，Min H J， et al. TMPRSS4 induces invasion and proliferation of prostate cancer cells through induction of Slug and Cyclin D1[J]. Oncotarget，2016， 7（31）：50315.

[38] Hu H Q，Wang M，Wang H W，et al. MEGF6 promotes the epithelial-to-mesenchymal transition via the TGFbeta/SMAD signaling pathway in colorectal cancer metastasis[J]. Cellular Physiology and Biochemistry，2018，46（5）：1895-1906.

[39] Barrallo-Gimeno A，Nieto M A. The Snail genes as inducers of cell movement and survival：implications in development and cancer[J]. Development，2005， 132（14）：3151-3161.

[40] Bolos V，Peinado H，Perez-Moreno M A，et al. The transcription factor Slug represses E-cadherin expression and induces epithelial to mesenchymal transitions：a comparison with Snail and E47 repressors [J].Journal of Cell Science，2003，116：499-511.

[41] Shen Z S，Zhou C C，Li J Y，et al. The association，clinicopathological significance，and diagnostic value of CDH1 promoter methylation in head and neck squamous cell carcinoma：ameta-analysis of 23 studies [J]. Onco Targets and Therapy，2016，9：6763-6773.

[42] Beavon I R. The E-cadherin-catenin complex in tumour metastasis：structure，function and regulation [J]. European Journal of Cancer，2000，36（13）：1607-1620.

[43] Cardoso M F，Castelletti C H，Lima-Filho J L，et al. Putative biomarkers for cervical cancer：SNVs，methylation and expression profiles [J]. Mutation Research，2017，773：161-173.

第四章 仿刺参 *klf* 13 基因克隆及在肠再生中的表达分析

第一节　KLF13 蛋白的功能

Krüppel 样因子（KLFs）因与果蝇 *Drosophilid fly* 的 *krüppel* 基因高度相似而得名，其在生物体内一般是作为基础转录因子而发挥作用的。KLFs 广泛分布于从线虫 *Caenorhabditis elegans* 至人类 *Homo sapiens* 多种生物中[1]。KLFs 的 C 端是 DNA 结合区域，有 3 个保守的 Cys2/His2（C2H2）样锌指结构（图 4-1）。相邻的 2 个锌指是由相对保守的序列 TGEKP（Y/F）X 连接的[2, 3]。KLFs 以 C2H2 结合靶基因启动子、增强子区的 CACCC 盒或者富含 GC 盒的核酸序列，以激活转录表达[4]。KLFs 的 N- 末端为转录调控结构，其结构高度变异，含有转录激活或抑制区，并可以结合特异的蛋白，从而调控生理活动，例如细胞增殖[5]、凋亡[6]，器官发育[7]，心脏重塑[8]，血管生成[9]等。

目前在人体内发现了 18 种 KLFs 因子，按照被发现的时间先后依次被命名，不同的 KLFs 定位于不同的染色体上[10]。基于因子的结构和功能，18 位成员被分为 3 类[11]：一类有 KLF1、KLF2、KLF4 ～ KLF7，它们的 N 端有酸性蛋白模序，多以转录激活因子发挥功能[11]。二类包括 KLF3、KLF8、KLF12，它们的 N- 末端有 PVDLT 模序，可与抑制辅助因子 CtBP1 作用，进而起转录抑制功能[5, 11]。三类有 KLF9、KLF10、KLF11、KLF13、KLF14、KLF16，它们的 N- 末端有转录抑制结构域，发挥转录抑制作用；在特定条件，部分成员也可和转录激活因子发生作用，发挥转录激活的作用[12, 13]。由于 KLF15、KLF17 、KLF18 的互作模式还不是非常清楚，因此还未将它们进行分类[11, 14]。KLFs 可参与多种细胞增殖、转化及组织发育、细胞应激反应等生命过程的调控[15]，当其受到内因、外因影响时，能让细胞无序增殖，发生肿瘤。KLFs 家族成员中，有的成员可诱发癌症，有的可抑制癌症发生，因此 KLFs 可作为治疗癌症的靶基因，并已引起学者们的关注[4]。

KLF13 作为 KLFs 中的一员，又被称作胚胎 Krüppel 样因子 2（fetal Krüppel-like factor-2，FKLF-2）。其最早分离自人胎肝和鼠卵黄囊中[16]，后来又发现它广泛分布于生物的细胞中[17-19]，并可在细胞增殖、分化、细胞的周期发生、造血发育、炎症反应等方面发挥作用[6, 20-22]。KLF13 的作用机制可能与其能够召集 CBP/p300、PCAF 和 CtBP2 等共激活剂和辅阻遏物有关。CBP 及 CBP/p300 是多种序列特异性转录因子发生转录的辅激活因子，可参与细胞生长和分化活动。CtBP 通过参与调节下游基因表达，促进上皮间充质转化，完成上皮细胞转化、转移以及组织重建[23]。近年来，一些物种的*klf* 13 cDNA 序列被克隆[24，25]，并认为*klf* 13 可能在细胞早期分化中发挥关键作用[25]。当非洲爪蟾胚胎内的 KLF13 被敲除，胚胎可出现房间隔缺损、心室小梁化低下等异常发育现象。当 GATA4 基因过表达，KLF13 会恢复正常[12]。KLF13 可在 GATA4 和其他因子参与下，例如 TBX5、NKX2.5 和血清反应因子（SRF）组成“KLF13-GATA4- 其他因子”的复合体可激活 NPPA、NPPB 等转录，来调控机体心脏的初期发育[12，13]。KLF13 可激活 GATA 等的表达，GATA 也可结合 CCAAT 盒来激活 KLF13 表达[26]，而 *Ebf1*、*PPARγ*、*C/EBPα* 可能是 KLF13 下游的靶基因。KLF13 是转录调控低密度脂蛋白受体（Low density lipoprotein receptor，LDLR）的转录抑制因子[27]。也有研究证明 KLF13 能与趋化素 RANTES 启动子上的顺式调控元件反应，激活转录[28]。KLF13 可激活 γ - 珠蛋白表达，敲除后引起脾肿大、红细胞成熟受阻[17]。KLF13 已被证实可以抑制胰腺癌症细胞 EMT 进程[29]。KLF13 可调节 TGF-β 信号传导，抑制 TGF-β 靶基因的转录，影响人体肾小管间质纤维化[30]。以上的研究结果说明，KLF13（图 4-1）作为一个转录因子，是通过转录调控的方式在生理活动中起作用的。因此，笔者推测 KLF13 可能在生物组织器官的发育和生长中发挥一定作用。

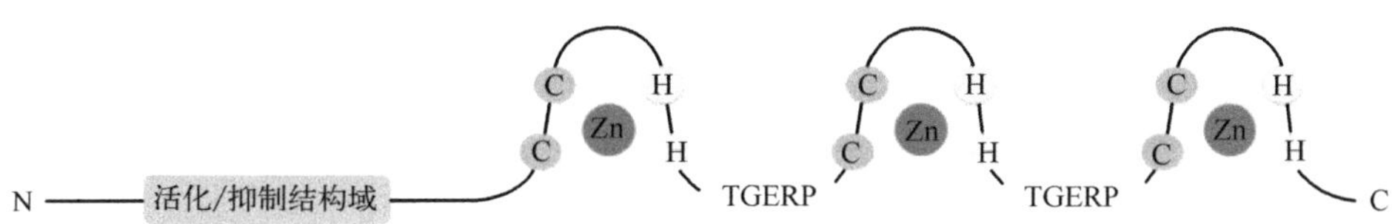

图 4-1 KLF13 的分子结构示意图

第二节　仿刺参 *klf* 13 基因克隆及表达分析

一、*Aj-klf*13 基因全长序列的获得

利用 EST 模板、上下游引物 *Aj-klf* 13-F（序列：AAGGCACATTTGAGGACCC）、*Aj-klf* 13-R（序列：CAGGTAGGAATGGCTCTTG）进行 PCR 反应，获得 EST 序列为 504bp，电泳检测结果见图 4-2（A）。

利用 3′模板、3′ *Aj-klf* 13-GSP1（序列：GTCTACTCGCCGTAGGGGTAG-GTGG）、3′ *Aj-klf* 13-GSP2（序列：CGTCACAACTCACACGAGTCGTTTT）引物，通过 3′RACE 反应，分别得到 357bp、1130bp 序列（有 24bp poly A），电泳检测结果如图 4-2（B）、（C）。

利用 5′模板、5′ *Aj-klf* 13-GSP1（序列：AGCACTCGTAGGTCTCTTCTT-GA）、5′ *Aj-klf* 13-GSP2（序列：CTCACAAATGGGACAGCAGAATC）引物，经 5′RACE 得到 938bp 的 5′端序列，电泳检测结果见图 4-2（D）。

利用 DNAMAN 软件将上述通过 PCR 反应获得的 EST、3′和 5′序列进行拼接，得到 2496bp 的 *Aj-klf* 13cDNA 全长，含 1396bp 3′端 UTR、245bp 5′端 UTR 和 855bp ORF，编码 284 个氨基酸，如图 4-3（A）。*Aj-klf* 13cDNA 全长要长于凡纳滨对虾的 *Pv-klf* 13 1677bp[31]。本序列提交至 NCBI，批复 GenBank 号为 MG004594.1。

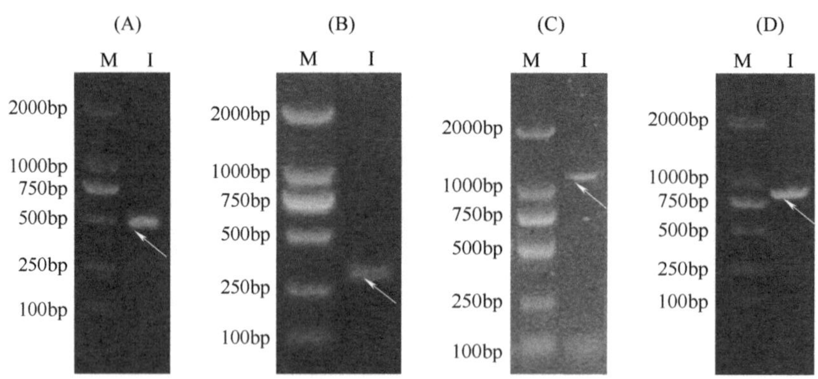

图 4-2 *Aj-klf*13 的 EST（A）、3′端（B、C）和 5′端（D）电泳图

M 为 DL2000 Marker；I 为 PCR 产物

二、*Aj-klf* 13 的生物信息学分析

SMART 预测 *Aj*-KLF13 含 KLFs 特有的 3 个 C2H2 锌指结构域，如图 4-3（B）。锌指结构 1、2、3 的氨基酸残基分别为 23、23、21 个，KLF13 的锌指结构是用于特异性结合启动子序列中的 GC 盒和 CACCC 盒，以此来激活或抑制关键基因转录表达，调控细胞活动 [32]。相邻的 2 个锌指结构由 7 个氨基酸残基 [TGE（R/K）（P/R）F（P/C）] 连接，这与之前的报道是相符合的 [4]，这也表明 KLF13 的羧基端是非常保守的。ExPaSy-Translate tools 和 ProtParam tool of ExPASy 分析预测 *Aj*-KLF13 蛋白有 284 个氨基酸，分子质量为 32.5 kDa，等电点为 9.13，见表 4-1。亲疏水性分析 GRAVY 为 -0.932（MAX 为 2.033，MIN 为 -2.956），表明该蛋白可能为亲水性蛋白，见图 4-4。该蛋白有 26 个磷酸化位点，Ser、Thr、Tyr 分别为 17、4、5 个，见表 4-2；无信号肽，无跨膜结构，见图 4-5、图 4-6。亚细胞定位预测该蛋白 95.7% 在细胞核，4.3% 在液泡中。预测 *Aj*-KLF13 二级结构为 α 螺旋 80 个、β 转角 13 个、延伸链 34 个、无规则卷曲 157 个，见表 4-3。

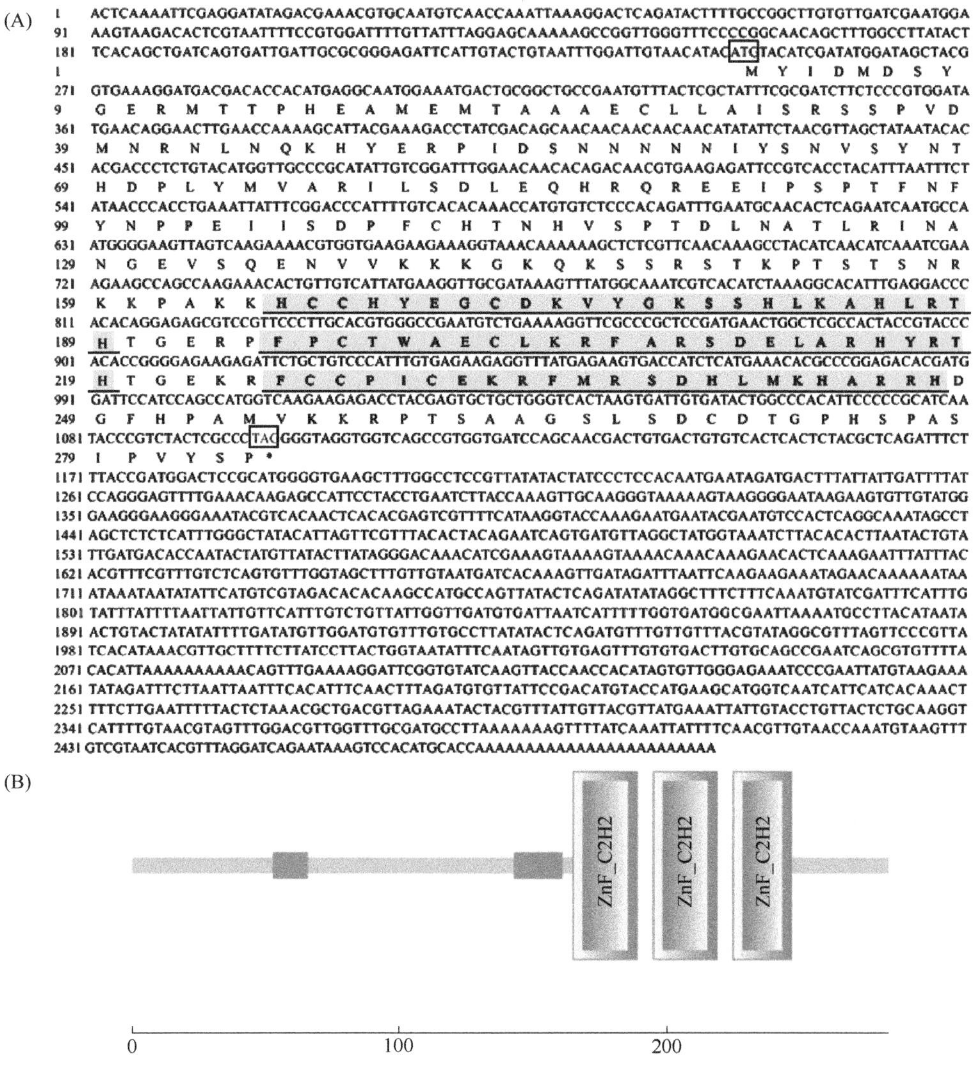

图 4-3 *Aj*-*klf*13 的 cDNA 序列及对应的氨基酸序列

实线框为起始、终止密码子，阴影区为 C2H2 样结构域

表 4-1 *Aj* -KLF13 的氨基酸组成

名称	数量	百分比 /%	名称	数量	百分比 /%
Ala（A）	18	6.3	Lys（K）	20	7.0
Arg（R）	22	7.7	Met（M）	10	3.5
Asn（N）	18	6.3	Phe（F）	8	2.8
Asp（D）	14	4.9	Pro（P）	21	7.4
Cys（C）	11	3.9	Ser（S）	27	9.5
Gln（Q）	5	1.8	Thr（T）	18	6.3
Glu（E）	17	6.0	Trp（W）	1	0.4
Gly（G）	10	3.5	Tyr（Y）	11	3.9
His（H）	18	6.3	Val（V）	10	3.5
Ile（I）	11	3.9	Pyl（O）	0	0
Leu（L）	14	4.9	Sec（U）	0	0

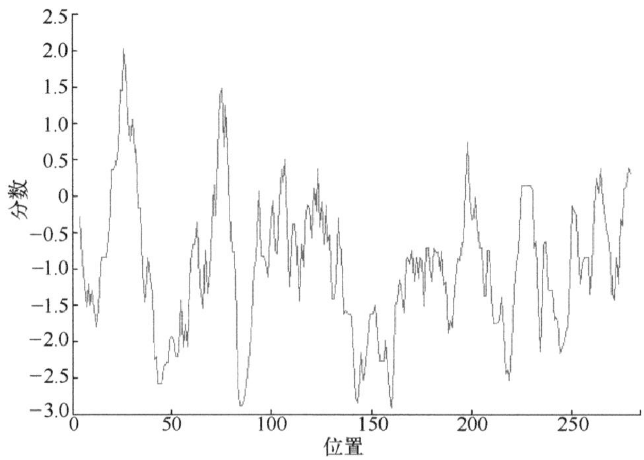

图 4-4 *Aj*-KLF13 蛋白亲、疏水性预测

表 4-2 *Aj*-KLF13 磷酸化位点预测

名称	位置	周围序列	分值	名称	位置	周围序列	分值
Ser	7	IDMDSYGER	0.788	Ser	261	KKRPTSAAG	0.991
	35	ISRSSPVDM	0.997		265	SAAGSLSDC	0.995
	65	YSNVSYNTH	0.888		267	AGSLSDCDT	0.992
	80	ARILSDLEQ	0.778		275	TGPHSPASI	0.988
	93	EEIPSPTFN	0.965	Thr	13	GERMTTPHE	0.745
	116	TNHVSPTDL	0.647		14	ERMTTPHEA	0.995
	133	NGEVSQENV	0.962		68	VSYNTHDPL	0.672
	146	GKQKSSRST	0.995		220	YRTHTGEKR	0.654
	147	KQKSSRSTK	0.802	Tyr	2	MYIDMD	0.909
	149	KSSRSTKPT	0.996		8	DMDSYGERM	0.860
	154	TKPTSTSNR	0.992		61	NNNIYSNVS	0.948
	156	PTSTSNRKK	0.796		66	SNVSYNTHD	0.836
	209	RFARSDELA	0.986		73	HDPLYMVAR	0.774

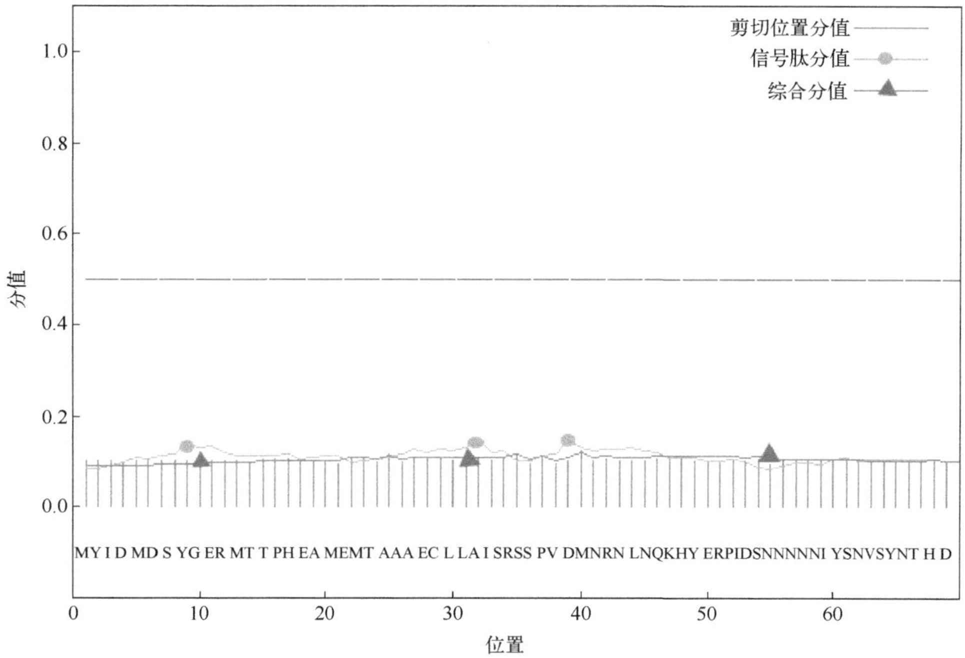

图 4-5　*Aj*-KLF13 的信号肽

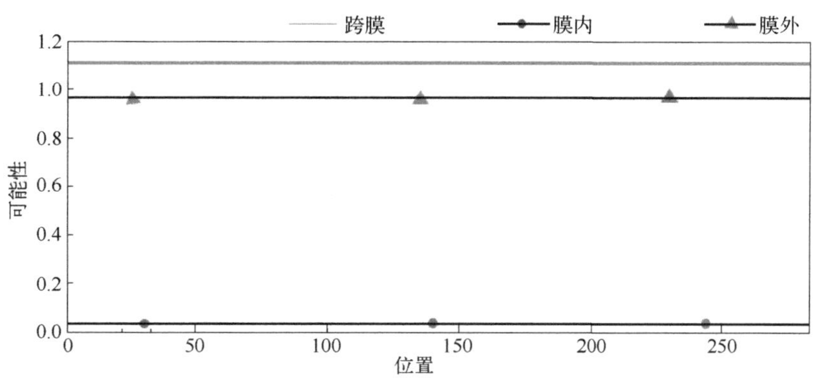

图 4-6　*Aj*-KLF13 跨膜区域预测

表 4-3　*Aj*-KLF13 的二级结构预测

名称	数量 / 个	百分比 /%
α 螺旋	80	28.17
β 转角	13	4.58
延伸链	34	11.97
无规则卷曲	157	55.28

三、*Aj-klf* 13 基因在肠再生进程中的表达模式

在仿刺参吐脏后再生初期，*Aj-klf* 13 基因 mRNA 相对表达量上升迅速，3 ～ 12d 时，差异达显著或极显著水平（$P < 0.05$ 或 $P < 0.01$），其中 6d 表达量最高，为 53.36，随后出现下降趋势，15 ～ 21d 时的 *Aj-klf* 13 表达量与对照组水平无显著差异（图 4-7）。

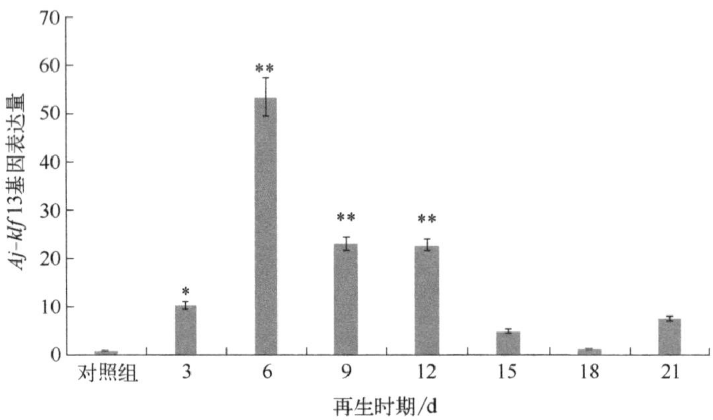

图 4-7 再生过程中 *Aj-klf* 13 的表达

* 代表与对照组差异显著（$P < 0.05$），** 代表差异极显著（$P < 0.01$）

仿刺参肠再生过程中 *Aj-klf* 13 基因 mRNA、蛋白的表达相似，即初期高表达，然后再下调。*Aj-klf* 13 基因也存在于仿刺参的正常肠组织中，因此可以推断它是仿刺参正常生命活动所必不可少的。组织学上，海参肠再生过程可分为 5 个时期：伤口愈合（0 ～ 3d）、胚基形成（3 ～ 7d）、管腔形成（8 ～ 21d）、肠分化（22 ～ 42d）和肠生长（43 ～ 70d）[33]。*Aj-klf* 13 mRNA 的表达在仿刺参肠再生 3d 时显著增加，6d 时持续上调，9d 时开始下调，15d 时降至正常水平。因此，推测 *Aj-klf* 13 对仿刺参肠再生有影响，其表达水平的变化与细胞活动有关。在海参 *H. glaberrima* 的受伤位置，6d 时开始有细胞分裂现象，6 ～ 12d 参与分裂的细胞由 12% 减少到 6%。此外，细胞分裂仍然存在于随后的再生过程中 [34]。研究表明，海参 *H. glaberrima* 肠胚形成的细胞来源于上皮 - 间充质转化（EMT）[35]。也有研究认为，从形态学上看，伤口愈合和再生同时在肠系膜和食管残余处发生 [36]。再生初期，再生相关基因上调表达，推测这应与机体对损伤作出反应、防止细菌侵袭和感染有关。*Aj-klf* 13 是

一种转录因子，其表达水平的上调与调节肠生长、分化期再生相关基因有关。

第三节　仿刺参 KLF13 蛋白的特征及调控作用

一、*Aj*-KLF13 的同源性及进化关系

用 Clustal X 和 DNAman 对 *Aj*-KLF13 与从 GenBank 中选取的其他 19 种生物的 KLF13 氨基酸开展序列比对，得出 *Aj*-KLF13 与选取的其他 19 种动物的 KLF13 氨基酸序列相似性很高，一致性为 35.64% ～ 49.83%，并与紫球海胆的相似性最高，为 49.83%，长棘海星次之（46.80%）。这 20 个物种在 C2H2 结构域区域的序列高度保守（图 4-8）。20 种生物 KLF13 的氨基酸数量为 227 ～ 293 个，*Aj*-KLF13 含 284 个氨基酸，与紫球海胆的 282 个最接近。

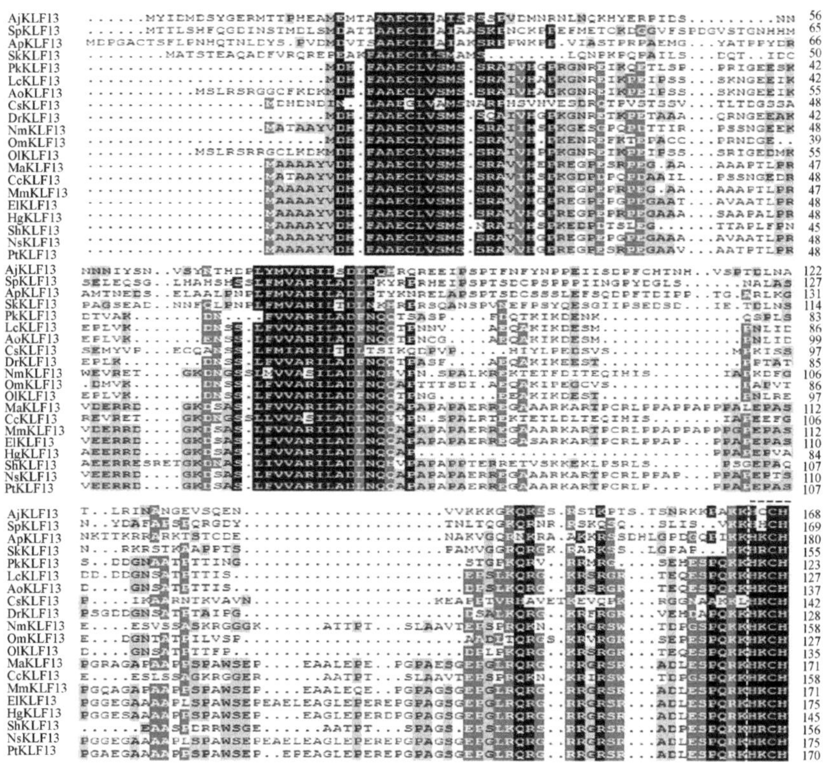

图 4-8

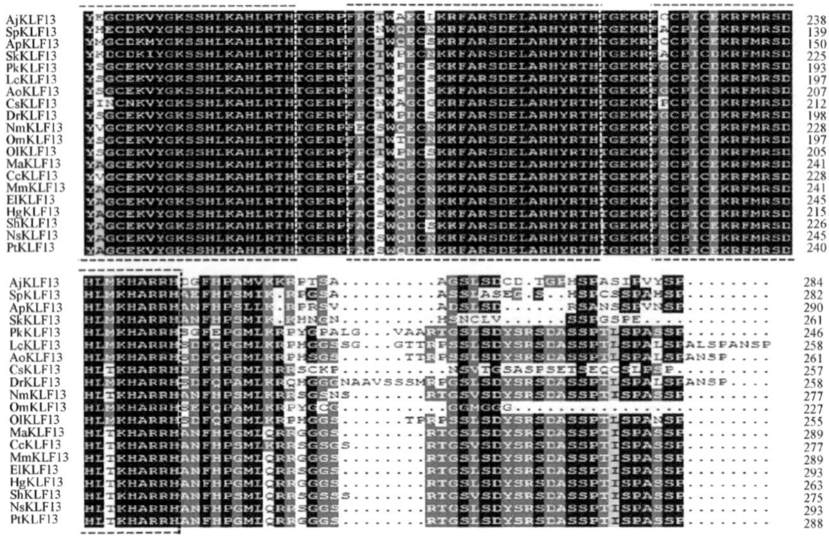

图 4-8　*Aj*-KLF13 的同源性比对

虚线标注区域是 KLF13 结构域

为通过 KLF13 的氨基酸序列同源性，确定仿刺参与其他 19 种生物在进化过程中的亲缘关系，利用软件 Clustal X、MEGA4.1（NJ 法）构建了系统进化树。进化树主体分为四大支（图 4-9）：第一大支为脊索（脊椎）动物中的哺乳类和鸟类，包括金色大鼠、小家鼠、黑猩猩、裸鼹鼠、阿拉斯加海獭、夏威夷僧海豹、袋獾、珠鸡、蓝山雀；第二大支为鱼类，包括虹鳟、副长颌鱼、斑马鱼、青鳉、大黄鱼、小丑鱼；第三大支包括囊舌虫、紫球海胆、仿刺参、长棘海星；第四大支为无脊椎动物刺尾蝎。从构建进化树的结果可以看出，仿刺参与 19 种生物所处的位置符合其分类地位，而且同一大类物种聚为一支，仿刺参与紫球海胆、长棘海星的关系最近，这也符合它们隶属棘皮动物的分类事实。这也说明了 *Aj-klf* 13 基因克隆的准确性。

二、*Aj*-KLF13 重组蛋白的获得、表达与纯化

（一）蛋白表达序列的选择

利用 ORF Finder 预测出 *Aj-klf* 13 基因的 ORF 序列为蛋白表达序列，其他同 *Aj*-MEGF6 蛋白表达序列的选择。

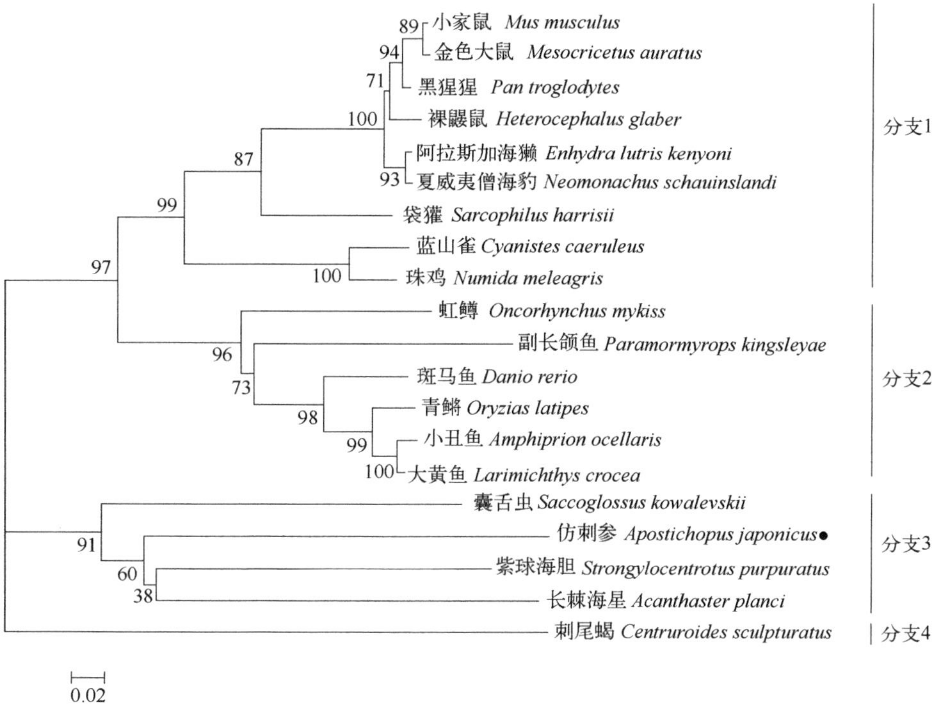

图 4-9　基于 20 种生物 KLF13 序列的 NJ 进化树

圆点标记的分支代表 *Aj*- KLF13

（二）*Aj*-KLF13 的诱导表达

在四种不同的条件（同 *Aj*-MEGF6 的诱导表达）下诱导 *Aj*-KLF13 重组蛋白。电泳结果显示，四种条件下诱导 *Aj*-KLF13 重组蛋白的结果并无明显差异 [图 4-10（A）]，*Aj*-KLF13 重组蛋白条带介于蛋白 Marker 的 35kDa 与 45kDa 刻度之间。生物信息学分析预测 *Aj*-KLF13 蛋白分子质量为 32.5kDa，加上 pET-30 载体的分子质量，*Aj*-KLF13 重组蛋白条带所处位置是符合客观实际的。

（三）*Aj*-KLF13 的可溶性检测及纯化

由于四种条件下诱导 *Aj*-KLF13 重组蛋白的结果无明显差异，然后按照 *Aj*-MEGF6 的可溶性检测及纯化的步骤进行，发现 *Aj*-KLF13 重组蛋白存在于沉淀中 [图 4-10（B）]。

利用镍柱纯化 *Aj*-KLF13 重组蛋白，电泳检测发现当使用咪唑溶液的浓度在 40mmol/L 及以上时，可将 *Aj*-KLF13 重组蛋白洗脱出来 [图 4-10（C）]。对用 60mmol/L 咪唑洗脱下的 *Aj*-KLF13 重组蛋白进行纯化、透析，得到比较

纯净的 *Aj*-KLF13 重组蛋白。制备抗体，经过 ELISA 检测，KLF13 抗体效价达到实验要求。WB 实验显示，自制的抗体能够特异性结合 *Aj*-KLF13 蛋白 [图 4-10（D）]。

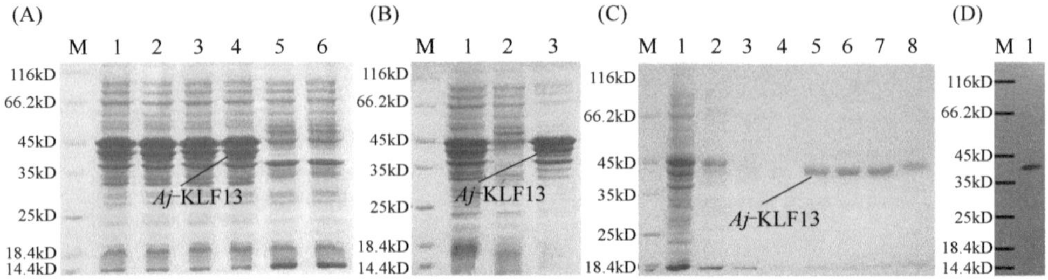

图 4–10 *Aj*–KLF13 重组蛋白表达分析、检测及纯化

M 为蛋白 Marker，刻度自 14.4kDa 到 116 kDa；(A) 中 1 至 4 道：30℃、0.25mmol/L IPTG，37℃、0.25mmol/L IPTG，30℃、1mmol/L IPTG，37℃、1mmol/L IPTG 四种条件下重组蛋白，5 道为未诱导的重组蛋白，6 道为 pET-30a 空载体；(B) 中 1 道为 *Aj*-KLF13 重组总蛋白，2 道为上清液，3 道为沉淀液；(C) 中 1 道为 *Aj*-KLF13 重组蛋白；2 道为流穿液；3 至 8 道分别为 10、20、40、60、80、100mmol/L 咪唑的洗脱液；(D) 中 1 道为 *Aj*-KLF13 蛋白与抗体的特异性结合。

三、*Aj*-KLF13 的免疫荧光定位

利用免疫荧光技术，对肠再生 3 ～ 21d 时 *Aj*-KLF13 蛋白在肠组织的表达定位进行研究。根据生物信息学的预测，*Aj*-KLF13 蛋白 95.7% 在细胞核，因此选取 DAPI 标记细胞核（附图 4 A1 ～ H1），用抗体标记 *Aj*-KLF13 蛋白（附图 4 A ～ H），并将抗体标记目标蛋白、DAPI 标记细胞核的图像进行融合处理（附图 4 A2 ～ H2），同时仅以第二抗体对样品进行标记作为对照（附图 4 A3 ～ H3）。结果表明，*Aj*-KLF13 集中于肠腔上皮和体腔上皮中，而结缔组织和肌肉组织中分布比较少。通过局部放大图像，可见 *Aj*-KLF13 主要定位于细胞核内，与生物信息学的预测结果相同（附图 5）。

免疫荧光分析显示，*Aj*-KLF13 存在于仿刺参正常生理状态和再生状态下，它广泛分布于肠的肠腔上皮和体腔上皮中。再生的新肠道有三层，即肠腔上皮、结缔组织和体腔上皮。肠腔上皮、体腔上皮为单层立方细胞，且未分化。随着肠生长，肠腔上皮变厚、细胞变为数层，也伴有细胞分化 [33]。因此，*Aj*-KLF13 分布的特异性与其参与调控上皮细胞的增殖和分化有关。因此可断定，*Aj*-KLF13 在肠再生过程中发挥了关键的生理角色。*Aj*-KLF13 与 DAPI 的共定

位结果与生物信息学的亚细胞定位结果相符，即 *Aj*-KLF13 主要分布在细胞核内，这与光棘球海胆 *Strongylocentrotus nudus* KLF13 定位于细胞核相同[37]。

四、*Aj*-KLF13 与 CREB1、CDK2 的调控关系

Aj-KLF13 蛋白在仿刺参肠再生过程中表现出先升高后下降的变化趋势。从 3d 至 6d，*Aj*-KLF13 蛋白表达上调，且 6d 时达到峰值，为对照组的 1.64 倍；从 6d 至 18d，*Aj*-KLF13 蛋白表达下调。3d 至 15d，再生组均与对照组存在显著差异（$P < 0.05$）。CREB1 和 CDK2 蛋白在肠再生过程中的表达变化趋势与 *Aj*-KLF13 基本一致，只是在 9d 时才达峰值，分别为对照组的 5.78、14.41 倍，而且再生 6d 至 15d，与对照组的差异达到极显著水平（$P < 0.01$）（图 4-11）。

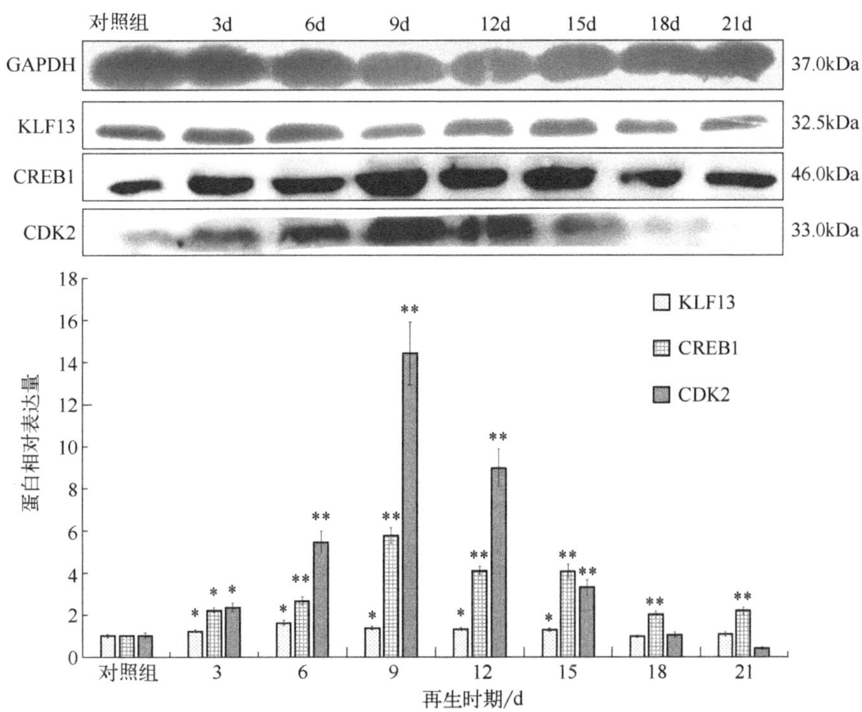

图 4-11 WB 检测 *Aj*-KLF13、CREB1 和 CDK2 的表达变化

* 代表与对照组差异显著（$P < 0.05$），** 代表差异极显著（$P < 0.01$）

仿刺参肠再生过程中 *Aj*-KLF13 蛋白的表达与 *Aj-klf* 13 基因相似，即初期高表达，然后再下调。KLF13 是 Cyclin D1 启动子的一个有效的激活因子，它包含多个 KLF13 结合基序[38]。此外，KLF13 对 Cyclin D1 启动子的激活可以

被 GATA-4 增强，同时 KLF13 是 GATA-4 的修饰剂[12]。已有研究表明，KLF13 能够调控细胞分化和存活[39，40]，而且是口腔癌和宫颈癌的致癌因子[40，41]。仿刺参吐出内脏后，要经历炎症、血管生成及伤口愈合阶段。在再生过程中，需要残存细胞快速分裂增殖、招募大量干细胞形成或分化为不同功能的细胞来重建组织、器官丢失的部分[42，43]。综上所述，可以推断 KLF13 与细胞周期进程有关。仿刺参肠腔在 15d 时完成前后贯通，*Aj-klf* 13 mRNA、蛋白表达水平也降至正常状态。因此，可以推断 *Aj-klf* 13 参与调控肠再生过程。

对其他相关蛋白质表达模式的分析表明，在肠再生过程中，CREB1 和 CDK2 蛋白的表达水平也显著升高，尤其在 3 ～ 15d。CREB 可结合环磷酸腺苷反应元件（CRE）[44]，上调 Cyclin D1 表达[45]。CDKs 可与 Cyclin 结合，以其活性催化底物的磷酸化，实现促进细胞周期的不同时相。CREB 作为一种转录因子增强子，可以作用于细胞凋亡过程。在非小细胞肺癌组织内，CREB 活性增强，RNAi 抑制后可引起癌细胞消亡[46]。CREB 可通过上调环氧合酶 -2，抑制前列腺癌细胞消亡[47]。因此推测 CREB1 和 CDK2 的上调可能也是诱导细胞增殖的一个因素。上述蛋白表达水平的变化与仿刺参再生过程中肠管形态的变化密切相关，当肠管前后贯通、恢复摄食消化能力后，各蛋白的表达开始下调。

参考文献

[1] Suske G，Bruford E，Philipsen S. Mammalian SP/KLF transcription factors：Bring in the family[J]. Genomics，2005，85：551-556.

[2] Dang D T，Zhao W，Mahatan C S，et al. Opposing effects of Krüppel-like factor 4（gut-enriched Krüppel-like factor）and Krüppel-like factor 5（intestinal-enriched Krüppel-like factor）on the promoter of the Krüppel-like factor 4 gene[J]. Nucleic Acids Research，2002，30（13）：2736-2741.

[3] Presnell J S，Schnitzler C E，Browne W E. KLF/SP transcription factor family evolution：xxpansion，diversification，and innovation in Eukaryotes[J]. Genome Biology and Evolution，2015，7（8）：2289–2309.

[4] Pearson R，Fleetwood J，Eaton S，et al．Krüppel-like transcription factors：a functional family[J]. The International Journal of Biochemistry&Cell Biology，2008，40（10）：1996-2001.

[5] 张志威，李辉，王宁 . KLF 转录因子家族与脂肪细胞分化 [J]. 中国生物化学与分子生物学报，2009（11）：983–990.

[6] Kaczynski J，Cook T，Urrutia R. Sp1-and Krüppel-like transcription factors[J]. Genome Biology，2003，4（2）：206.

[7] Wani M A，Wert S E，Lingrel J B，et al. Lung Kruppel-like Factor，a Zinc Finger Transcription Factor，Is Essential for Normal Lung Development[J]. Journal of Biological Chemistry，1999，274（30）：21180-21185.

[8] Fisch S，Gray S H，Heymans S，et al. Krüppel-like factor 15 is a regulator of cardiomyocyte hypertrophy[J]. Proceedings of the National Academy of Sciences，2007，104：7074-7079.

[9] Bhattacharya R，SenBanerjee S，Lin Z Y，et al. Inhibition of vascular permeabilily factor/vascular endothelial growth factor-mediated angiogenesis by the Krüppel-like factor KLF2[J]. Journal of Biological Chemistry，2005，280（32）：28848-28851.

[10] Chen Z，Lei T，Chen X，et al. Porcine KLF gene family：Structure，mapping，and phylpgenetic analysis[J]. Genomics，2010，95：111-119.

[11] Pollak N M，Hoffman M，Goldberg I J，et al. Krüppel-like factors：Crippling and un-crippling metabolic pathways[J]. JACC Basic Translational Science，2018，3（1）：132–156.

[12] Lavallée G，Andelfinger G，Nadeau M，et al. The Krüppel-like transcription factor KLF13 is a novel regulator of heart development[J]. The EMBO Journal，2006，25（21）：5201-5213.

[13] Darwich R，Li W，Yamak A，et al. KLF13 is a genetic modifier of the Holt-Oram syndrome gene TBX5[J]. Human Molecular Genetics，2017，26（5）：942-954.

[14] 熊倩，阮修艳，方向东 .Sp1/Krüppel 样因子的研究进展 [J]. 遗传，2010，32（06）：531-538.

[15] Kim C K，He P，Bialkowska A B，et al. SP and KLF transcription factors in digestive physiology and diseases[J]. Gastroenterology，2017，152（8）：1845-1875.

[16] Asano H，Li X S，Stamatoyannopoulos G. FKLF-2：a novel Krüppel-like transcriptional factor that activates globin and other erythroid lineage genes[J]. Blood，2000，95（11）：3578-3584.

[17] Gordon A R，Outram S V，Keramatipour M，et al. Splenomegaly and Modified Erythropoiesis in KLF13$^{-/-}$ Mice[J]. Journal of Biological Chemistry，2008，283（18）：11897-11904.

[18] Kwon S J，Crcspobarreto J，Zhang W，et al. KLF13 Cooperates with c-Maf To Regulate IL-4 Expression in CD4+ T Cells[J]. Journal of Immunology，2014，192（12）：5703-5709.

[19] Cruz-Topete D，He B，Xu X，et al. Krüppel-like Factor 13 is a major mediator of glucocorticoid receptor signaling in cardiomyocytes and protects these cells from DNA damage and death[J]. Journal of Biological Chemistry，2016，291（37）：19374-19386.

[20] Nemer M，Horb M E. The KLF family of transcriptional regulators in Cardiomyocyte proliferation and differentiation[J]. Cell Cycle，2007，6（2）：117-121.

[21] Outram S V，Gordon A R，Hagertheodorides A L，et al. KLF13 influences multiple stages of both B and T cell development[J]. Cell Cycle，2008，7（13）：2047-2055.

[22] 陈潮春 .KLF13 通过转录上调 HMGCS1 促进肝癌细胞的增殖、侵袭与转移 [D]. 贵阳：贵州医科大学，2022.

[23] 薄志强，孙桂江，王丽，等 .CtBP2 异常表达对前列腺癌 PC3 细胞增殖效应影响的研究 [J]. 天津医科大学学报，2017，23（02）：103-107.

[24] Jiang S，Wei H，Song T，et al. KLF13 promotes porcine adipocyte differentiation through PPARγ activa-

tion[J]. Cell & Bioscience，2015，5（1）：28-28.

[25] Zhu J J，Lin Y Q，Wang Y，et al.Cloning and Expression Analysis of Goat（*Capra hircus*）KLF13 Gene[J]. Journal of Agriculture and Food Chemistry，2017，25，102-109.

[26] Mitsuma A，Asano H，Kinoshita T，et al. Transcriptional regulation of FKLF-2（KLF13）gene in erythroid cells[J].Biochim Biophys Acta，2005，1727（2）：125-133

[27] Natesampillai S，Fernandez-Zapico M E，Urrutia R，et al. A novel functional interaction between the Sp1-like protein KLF13 and SREBP-Sp1 activation complex underlies regulation of low density lipoprotein receptor promoter function[J]. Journal of Biological Chemistry，2006，281，3040-3047.

[28] Ahn Y T，Huang B，Mc Pherson L，et al. Dynamic inter-play of transcriptional machinery and chromatin regulates"Late"expression of the chemokine RANTES in T lymphocytes[J]. Molecular and Cellular Biology，2007，27（1）：253-266.

[29] Li B，Pang S，Dou J，et al. The inhibitory effect of LINC00261 upregulation on the pancreatic cancer EMT process is mediated by KLF13 via the mTOR signaling pathway[J]. Clinical & Translational Oncology，2022，24（6）：1059-1072.

[30] Yang S，Xiang J Q，Ma C R，et al. Sp1-like protein KLF13 acts as a negative feedback regulator of TGF-β signaling and fibrosis[J]. Cell Report，2023，42（4）：112367.

[31] Bao S Y，Zhang C C，Aweya J J，et al. KLF13 induces apoptotic cell clearance in Penaeus vannamei as an essential part of shrimp innate immune response to pathogens[J]. Developmental & Comparative Immunology，2022，126：104242.

[32] Liu C T，Calogero A，Ragona G，et al. EGR-1，the reluctant suppression factor：EGR-1 is known to function in the regulation of growth，differentiation，and also has significant tumor suppressor activity and a mechanism involving the induction of TGF-beta1 is postulated to account for this suppressor activity[J]. Critical Reviews in Oncogenesis，1996，7，101-125.

[33] 王霞，李霞 . 仿刺参消化道的再生形态学与组织学 [J]. 大连海洋大学学报，2007，22（5）：340-346.

[34] San Miguelruiz J E，Garciaarraras J E. Common cellular events occur during wound healing and organ regeneration in the sea cucumber Holothuria glaberrima[J]. BMC Developmental Biology，2007，7（1）：115-115.

[35] García-Arrarás J E，Valentin-Tirado G，Flores J E，et al. Cell dedifferentiation and epithelial to mesenchymal transitions during intestinal regeneration in *H. glaberrima* [J].BMC Developmental Biology，2011，11（1）：61.

[36] Su F，Dolmatov I Y，Wang T，et al.LncRNA-miRNA interplay regulate intestinal regeneration in the sea cucumber *Apostichopus japonicus*[J].Computational and Structural Biotechnology Journal，2025，27：1383-1393.

[37] 毋凯凯 . 大连紫海胆 KLF8、KLF10、KLF13 基因的克隆与表达及 C/EBPs 基因启动子活性研究 [D]. 咸阳：西北农林科技大学，2017.

[38] Zhao J，Bian Z C，Yee K，et al. Identification of Transcription Factor KLF8 as a Downstream Target of Focal Adhesion Kinase in Its Regulation of Cyclin D1 and Cell Cycle Progression[J]. Molecular Cell，2003，11（6）：1503-1515.

[39] Zhang W，Hong S，Maniar K P，et al. KLF13 regulates the differentiation-dependent human papillomavirus life cycle in keratinocytes through STAT5 and IL-8[J]. Oncogene，2016，35（42）：5565-5575.

[40] Jing D，Bhadri V A，Beck D，et al. Opposing regulation of BIM and BCL2 controls glucocorticoid-induced apoptosis of pediatric acute lymphoblastic leukemia cells[J]. Blood，2015，125（2）：273-283.

[41] Henson B J，Gollin S M. Overexpression of KLF13 and FGFR3 in oral cancer cells[J]. Cytogenetic and Genome Research，2010，128（4）：192-198.

[42] Wadman M. Scar prevention：The healing touch[J]. Nature. 2005，436：1079-1080.

[43] Weissman I L. Stem Cells：Units of Development，Units of Regeneration，and Units in Evolution[J]. Cell，2000，100（1）：157-168.

[44] Montrminy M R，sevarino K A，Wagner J A，et al.Identification of a cyclic AMP responsive element within the rat somatostatin gene[J]. Proceedings of the National Academy of Sciences of the United States of America，1986，83：6682-6686.

[45] Stepulak A，Sifringer M，Rzeski W，et al. NMDA antagonist inhibits the extracellular signal-regulated kinase pathway and suppresses cancer growth[J]. Proceedings of the National Academy of Sciences of the United States of America，2005，102（43）：15605-15610.

[46] Aggarwal S，Kim S W，Ryu S，et al. Growth suppression of lung cancer cells by targeting cyclic AMP response element-binding protein[J]. Cancer Research，2008，68（4）：981-988.

[47] Ghosh R，Garcia G E，Crosby K，et al. Regulation of Cox-2 by cyclic AMP response element binding protein in prostate cancer：potential role for nexrutine.[J]. Neoplasia，2007，9（11）：893-899.

第五章 仿刺参 *btf3l4* 基因克隆及在肠再生中的表达分析

第一节　BTF3 蛋白的功能

转录因子是基因转录调控过程中的重要组分，其通过转录调控，引起下游一系列相关靶基因的激活。真核生物的转录过程中，转录因子的个数远少于其基因的表达模式，每个生物过程一般由数个因子共同控制[1-3]。

基础转录因子 3（BTF3），属新生肽链相关复合体（NAC）家族，最开始是在 HeLa 细胞的提取物中发现的，它与 RNA 聚合酶Ⅱ发生结合，是启动转录所必需的。BTF3 广泛分布于生物界[4]。NAC 是由 α、β 亚基组成的异二聚体，而 β 亚基则是 BTF3。NAC 的功能结构如图 5-1 所示。BTF3 也可能与细胞凋亡有关，Bloss 等曾在线虫中发现了细胞凋亡抑制因子，即 BTF3[5]。BTF3 有两种亚型，即 BTF3a、BTF3b。相比前者，BTF3b 的 N 端少 44 个氨基酸，且不具活性。它们都可与聚合酶Ⅱ作用，启动转录[6, 7]。BTF3 具有 2 个角色：BTF3 属于基本转录因子家族，与 RNA 聚合酶Ⅱ发生结合，调控基因转录；BTF3 属于 NAC 家族，调节蛋白合成与降解。BTF3 在多种真核生物生理活动中参与转录起始、翻译调控和蛋白质定位。BTF3 可以结合在核糖体加工合成的多肽上，以干扰新生肽链与信号识别颗粒之间错误的交互作用，进而完成新生蛋白的正确定位[8]。近几年，有研究发现 BTF3 还在小鼠肝癌模型、人体多种恶性肿瘤细胞中有差异性表达现象[5, 9-11]，推测其既调控转录，又调节细胞消亡。当沉默 BTF3 基因时，烟草叶片发生变黄、形态异常现象；当 BTF3 表达下调时，线粒体、叶绿体的表型与功能异常[12]。BTF3 基因突变能导致小鼠胚胎出现致死表型[13]。Cooper 发现 BTF3 是与水稻细胞周期蛋白互作的蛋白[14]。Freire 发现拟南芥 BTF3 可与翻译起始因子 eIF（iso）4E 相互作用，揭示了翻译起始机制与新生多肽链间的关系[15]。BTF3 基因与恶性肿瘤的发生可能也有一定联系。研究发现，BTF3 不仅在多种肿瘤中有大量表达[16-18]，而且会影响一些与肿瘤相关的基因表达模式。沉默 BTF3 基因不但可下调多个肿瘤相关基因的表达，例如 HPSE2、ATM、EPHB2、ABL2，还可使 MADCAML、NFkappa-B、KRAG、MRVIl、RRAS2 等基因上调表达，从而影响肿瘤的形成与发展[19]。BTF3 的抗细胞凋亡作用应该能减缓或阻止肿瘤细胞的凋亡进程，破坏了细胞增殖与凋亡间的正常状态，引起肿瘤浸润及发展。也有研究认为，BTF3 在胰腺癌（PDAC）中行使转录调节因子的作用，而不是发挥直接的凋亡调节因子作用[20]；在胃癌细胞中沉默 BTF3，可引起 FOXML 下调，使细胞周期停止在 S、G2/M 期，引起肿瘤细胞凋亡，同时限制 JAK2/STAT3 途径，阻止 EMT[21]。虽然 BTF3 的沉默、下调表达可以引起凋亡，但是 BTF3 能否成为抗凋亡因子，还与所处细胞、组织的类型有关[5, 22-24]。

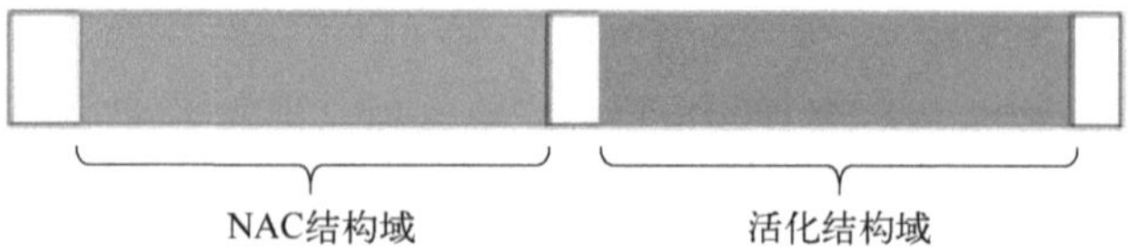

图 5-1 NAC 结构域的分布

对植物进行低温胁迫，发现 BTF3 和 BTF3L（Basal Transcription Factor 3-Like）在正向调节 CBF（C-repeat-binding factor）基因表达方面有相同的功能[25]。在对水稻 BTF3L 的研究发现，抑制该基因导致所有被检测的组织、器官的形态学发生改变，体积缩小 25% ～ 52%，产生的花粉为完全不育的[26]。

在动物界中，小鼠、果蝇和线虫 BTF3 基因突变或缺失会引起早期胚胎死亡[13, 27, 28]。海参肠再生过程涉及细胞增殖和生长，而 BTF3 有多项功能[29]，例如可抑制细胞凋亡、引起细胞增殖。因此，推测 BTF3L4 在仿刺参肠再生过程中扮演重要角色。

第二节　仿刺参 *btf* 3*l*4 基因克隆及表达分析

一、*Aj-btf* 3*l*4 基因全长序列的获得

利用 EST 模板、上下游引物 *Aj-btf* 3*l*4-F（序列：AGATGTGAGGA-TAGGTGGCAAAG）、*Aj-btf* 3*l*4-R（序列：TTTCAACCAAATCGGGTAC）进行 PCR 反应，得到 401bp 的 EST 序列，电泳检测结果见图 5-2（A）。

利用 3′ 模板、3′ *Aj-btf* 3*l*4-GSP（序列：GCAGAAGCTGGTTCAAGGAAT-GACA），经 3′RACE 反应获得长度为 621bp 序列（有 25bp poly A），电泳检测见图 5-2（B）。

利用 5′ 模板、5′*Aj-btf* 3*l*4-GSP（序列：TCCTTTGCCACCTATCCTCACATCT），通过 5′RACE 反应获得长度为 200bp 的 5′ 端序列，电泳检测结果见图 5-2(C)。

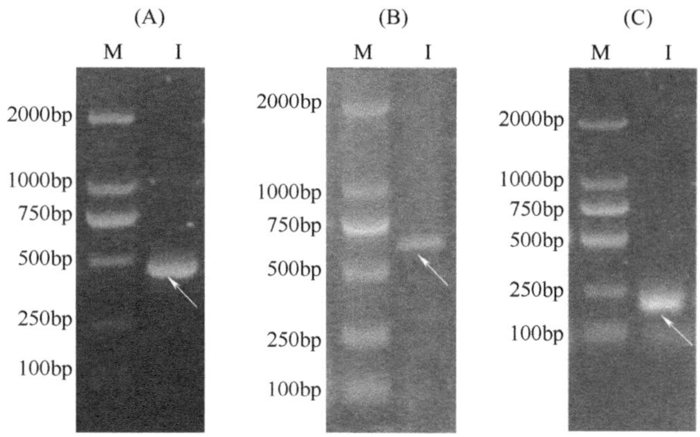

图 5-2 *Aj-btf* 3/4 的 EST（A）、3′端（B）和 5′端（C）电泳图

M 为 DL2000 Marker；I 为 PCR 产物

以 DNAMAN 将 EST、3′、5′端序列组合，获得 1099bp 的全长序列 [图 5-3（A）]，3′端 UTR497bp、5′端 UTR122bp、ORF 序列 486bp。本序列提交至 NCBI 中，批复 GenBank 号为 MG004593.1。

二、*Aj-btf* 3/4 的生物信息学分析

SMART 预测发现 *Aj*-BTF3L4 蛋白有 BTF3 典型特征的 NAC 结构域 [图 5-3（B）][30]，这是其行使功能的结构基础[31]。利用 ExPaSy-Translate tools 和 ProtParam tool of ExPASy 分析预测出 *Aj*-BTF3L4 蛋白有 161 个氨基酸，分子质量为 17.9kDa，等电点为 7.96（表 5-1）。亲疏水性分析 GRAVY 为 −0.750（MAX 为 1.211，MIN 为 −3.089），表明 *Aj*-BTF3L4 蛋白可能是亲水性蛋白（图 5-4）。NetPhos3.1Server 分析该蛋白含有 5 个磷酸化位点，分别是 2 个 Ser 位点和 3 个 Thr 位点，见表 5-2，而磷酸化位点常作为转录因子转录后的调节结构。该蛋白无信号肽，无跨膜结构（图 5-5、图 5-6）。亚细胞定位预测该蛋白 56.5% 在细胞核，26.1% 在线粒体，13.0% 在细胞质，4.3 % 在囊泡分泌系统。预测得到 *Aj*-BTF3L4 的二级结构中含 α 螺旋 72 个、β 转角 11 个、延伸链 19 个、无规则卷曲 59 个（表 5-3）。

(A)

```
1     GGGGATACTGTGATGCATACTATACTGTGTTAGTTACAAAGTCGAACTTCTGACAAATGA
61    AATAATCTTCATGAGAGAACTCGTTTGCAGTCCATAACTTTGATTGATCCGATAAAGTGG
121   TAATGAATCCTGAAAAGAATCCTGACAAAGTCCAGAAATTGAGGGCCCAAGTGAAAGATG
1        M  N  P  E  K  N  P  D  K  V  Q  K  L  R  A  Q  V  K  D
181   TGAGGATAGGTGGCAAAGGAACAGCGAGAAGAAAAAGAAAGCACTTGCACAAAACTGCAG
20    V  R  I  G  G  K  G  T  A  R  R  K  R  K  H  L  H  K  T  A
241   TAGGAGATGACAGAAAATTACAAAATGCCCTGAAGAGATTAGCTGTAAATAGCATCCATG
40    V  G  D  D  R  K  L  Q  N  A  L  K  R  L  A  V  N  S  I  H
301   GTATTGAAAAAGTCATCATGTTTAAAGCTGATGGAAATGTCCTCCACTTTAACAATCCAA
60    G  I  E  K  V  I  M  F  K  A  D  G  N  V  L  H  F  N  N  P
361   AAGTTCAGGCCTCACCGGCAGCAAACACTTTTGCAATCATGGGACATGCTGAAACGAAAA
80    K  V  Q  A  S  P  A  A  N  T  F  A  I  M  G  H  A  E  T  K
421   AAATGAACGACGTCCCCGGCATCATAAATCACTTAGGAATGGAAACCGCTAATAGCTTGC
100   K  M  N  D  V  P  G  I  I  N  H  L  G  M  E  T  A  N  S  L
481   AGAAGCTGGTTCAAGGAATGACAGAATCTCAAGGAAAAGAATTTGTTCCTGAAACAATTG
120   Q  K  L  V  Q  G  M  T  E  S  Q  G  K  E  F  V  P  E  T  I
541   ATGAAGAAGATGATGATGTACCCGATTTGGTTGAAAATTTTGATGCCCCTTCAAAAGAAG
140   D  E  E  D  D  D  V  P  D  L  V  E  N  F  D  A  P  S  K  E
601   AAACATAGGTCAAGCAGGCCAAACAACTAAAAAAAGGAAAAAACCTGTTTCTCCATTTGG
160    E  T  *
661   ACTTGTTTGTCAGGGTTGACAACGTCATCATAATCCTTTTCTTTTCTTTTCTTTTTCAAT
721   GCAGGAAAGATTGCACTAAACAGTACTGCTATATAAAGCATGCCTATGTGTAACCTTTAG
781   AGAGTAATATAGGAGTAAACTCCCATCTTTGTAATAAATAAAATTGCAGAATAATTAGCA
841   AAGCTGAACAATTATACCAATTGTAGTTATTTTGTGATAGTTTACACTTTATGGTATCAA
901   AGAAAGAGAAAAAAACATGCTGGTAAGTTTTGTAACAAGTCTGCTGTTCTTGTGACTGTT
961   AGGTAGATGAGGGAGGTGGCACTCATTTTTGTTGTCTTGACACTTTAACATTTGTATAGC
1021  CATACAATACAGTAAACAAAACAAAAACTGACTGAAAGAAAGCACAGAATACCGAAAAAA
1081  AAAAAAAAAAAAAAAAAA
```

(B)

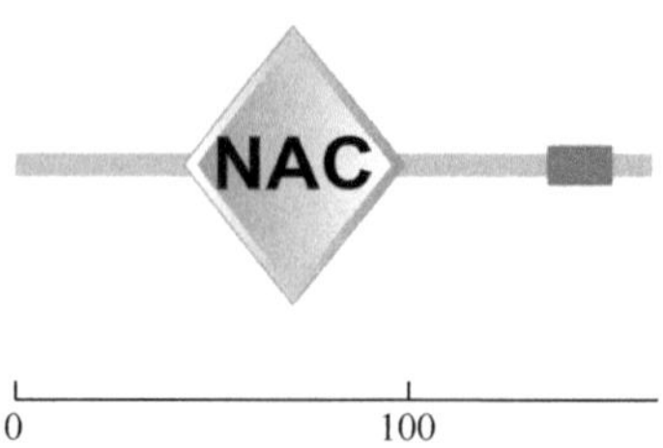

图 5-3 *Aj-btf* 3/4 的 cDNA 序列及对应的氨基酸序列

实线框指示起始、终止密码子，阴影区为 NAC 结构域

表 5-1 *Aj*-BTF3L4 的氨基酸组成

名称	数量	百分比 /%	名称	数量	百分比 /%
Ala（A）	13	8.1	Lys（K）	18	11.2
Arg（R）	7	4.3	Met（M）	6	3.7
Asn（N）	12	7.5	Phe（F）	5	3.1
Asp（D）	12	7.5	Pro（P）	8	5.0
Cys（C）	0	0	Ser（S）	5	3.1
Gln（Q）	7	4.3	Thr（T）	8	5.0
Glu（E）	12	7.5	Trp（W）	0	0
Gly（G）	11	6.8	Tyr（Y）	0	0
His（H）	6	3.7	Val（V）	13	8.1
Ile（I）	8	5.0	Pyl（O）	0	0
Leu（L）	10	6.2	Sec（U）	0	0

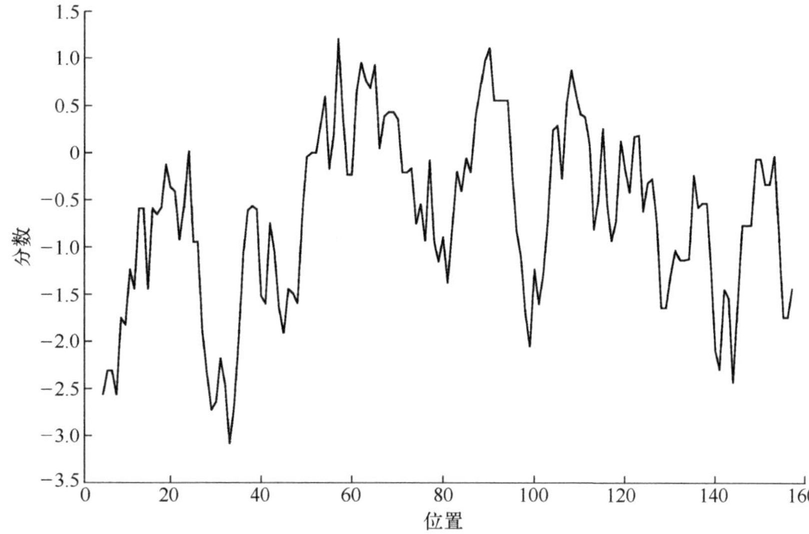

图 5-4 *Aj*-BTF3L4 亲、疏水性预测

表 5-2 *Aj*-BTF3L4 磷酸化位点预测

名称	位置	周围序列	分值	名称	位置	周围序列	分值
Ser	84	KVQASPAAN	0.906	Thr	27	GGKGTARRK	0.820
	157	FDAPSKEET	0.994		98	GHAETKKMN	0.729
					138	FVPETIDEE	0.853

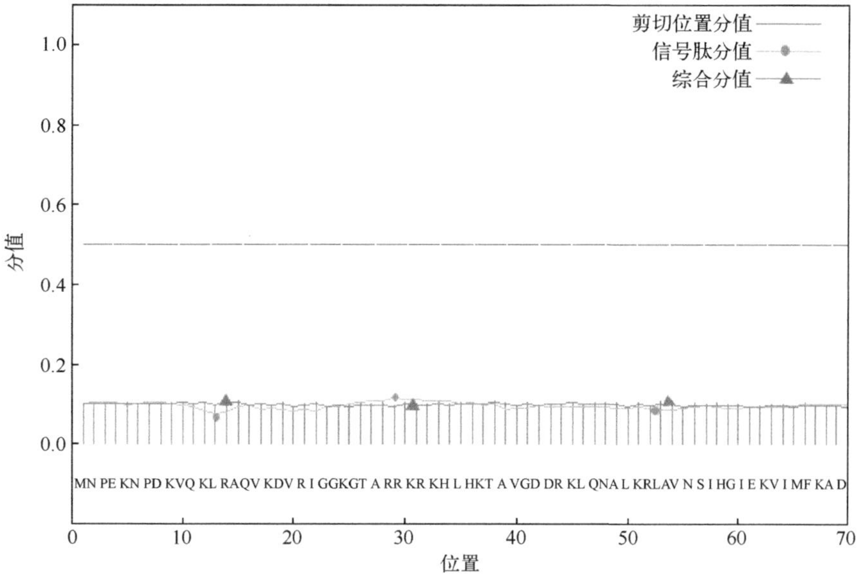

图 5-5 *Aj*-BTF3L4 的信号肽

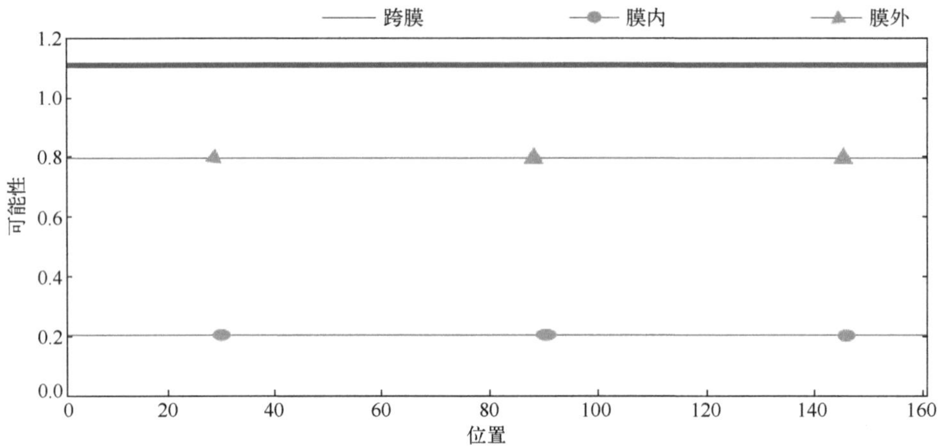

图 5-6 *Aj*-BTF3L4 跨膜区域预测

表 5-3 *Aj*-BTF3L4 蛋白的二级结构预测

名称	数量 / 个	百分比 /%
α 螺旋	72	44.72
β 转角	11	6.83
延伸链	19	11.80
无规则卷曲	59	36.65

三、*Aj-btf* 3*l*4 基因在肠再生过程中的表达模式

在肠再生过程中，*Aj-btf* 3*l*4 基因 mRNA 先高表达，然后下降。18d 之前，其表达量与对照组有极显著或显著差异（$P<0.01$ 或 $P<0.05$），其中 6d 时表达量最高，为 4.19。6 ～ 18d 呈下降趋势，18d 时 mRNA 表达水平降至正常状态，21d 时小幅升高，但没有显著差异（图 5-7）。

Aj-btf 3*l*4 基因 mRNA 表达水平在仿刺参肠再生过程的前期（3 ～ 6d）高表达，然后开始下降。再生 0 ～ 6d 正是仿刺参吐脏后，食道与胃部断裂处、肠系膜断裂处的伤口愈合以及原基形成阶段，伴随有大量细胞分化和增殖现象发生 [32]，浆膜层、结缔组织层中增殖细胞比例最高可达到 29.5%；再生第 14 ～ 21d，肠腔上皮细胞分裂率逐渐下降 [33]。通过对再生肠管形态观察发现，肠管在 15d 时实现前后贯通，并有摄入的食物，说明再生肠管已达到仿刺参

摄食、消化的条件。*Aj-btf 3l4* 基因 mRNA 表达变化与肠管形态变化吻合，推断 *Aj- btf 3l4* 基因参与调节仿刺参肠再生活动。

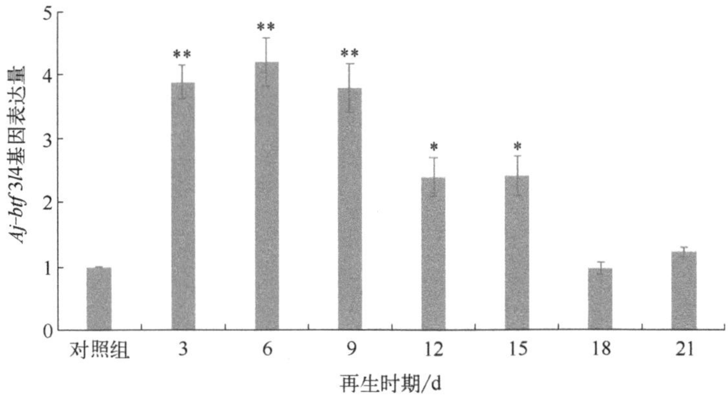

图 5-7　再生过程中 *Aj-btf 3l4* 的表达

* 代表与对照组差异显著（$P < 0.05$），** 代表差异极显著（$P < 0.01$）

第三节　仿刺参 BTF3L4 蛋白的特征及调控作用

一、*Aj*-BTF3L4 的同源性及进化关系

利用 Clustal X、DNAman 将 *Aj*-BTF3L4 与从 GenBank 中选取的其他 14 种生物的 BTF3L4 序列进行比对，发现仿刺参与其他 14 种生物 BTF3L4 的氨基酸数量为 154 ～ 161，氨基酸序列的一致性为 54.55% ～ 58.43%，且与紫球海胆的相似性最高，为 58.43%，囊舌虫次之（58.18%）。这 15 种生物的序列同源性比较高，而且在 NAC 结构域位置的序列高度保守（图 5-8）。表现在构成 NAC 结构域的 48 个氨基酸序列中 35 个是完全相同的，可见 BTF3L4 在进化上是高度保守的，这可能与它发挥重要功能密切相关。构建的 NJ 系统进化树显示仿刺参与紫球海胆聚为一个分支。这些结果表明 BTF3L4 在生物进化中具有高度保守性，并且符合仿刺参与紫球海胆为棘皮动物的分类地位。*btf* 3 为 NAC 家族成员，该家族的 N 端是保守的 NAC 结构域，而 C 端有变异，具有蛋白结合活性和激活转录功能[34]。根据 *Aj*-BTF3L4 与选取的其他 14 种生物 BTF3L4 多序列比对结果，也可说明 N 端具保守性。

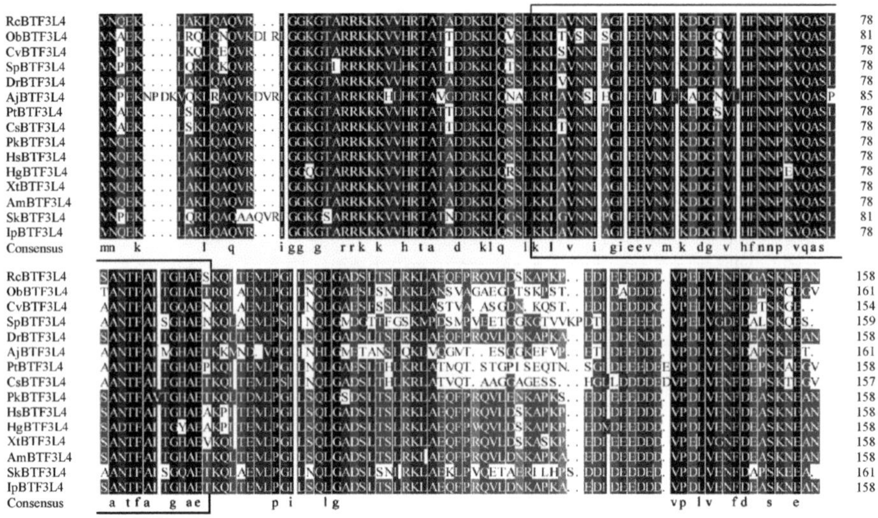

图 5-8 *Aj*-BTF3L4 的同源性比对

黑色实线标注区域是 NAC 结构域

为通过 BTF3L4 的氨基酸序列同源性，确定仿刺参与其他 14 种生物在进化过程中的亲缘关系，利用软件 Clustal X、MEGA4.1（NJ 法）构建了进化树。进化树主体分为四大支（图 5-9）：第一大支为脊索（脊椎）动物，包括牛蛙、

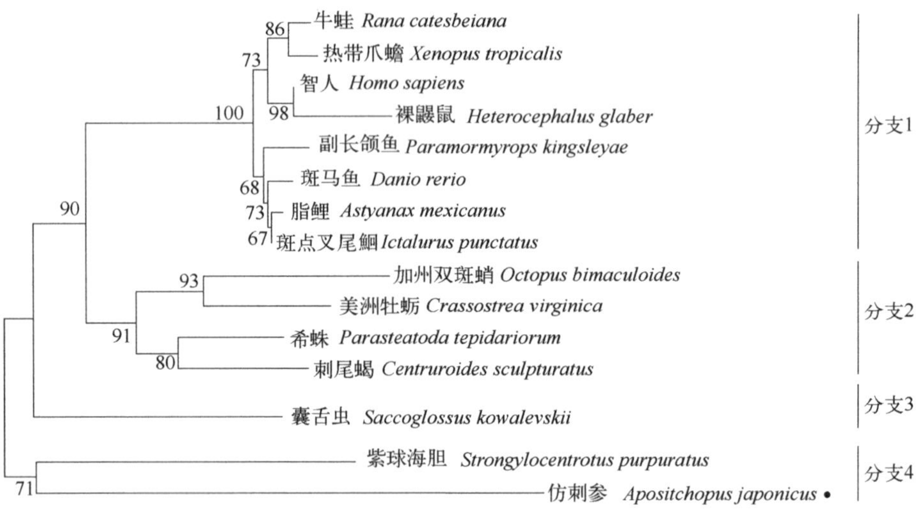

图 5-9 基于 15 种生物 BTF3L4 序列的 NJ 进化树

圆点标记的分支代表 *Aj*-BTF3L4

热带爪蟾、智人、裸鼹鼠、脂鲤、副长颌鱼、斑马鱼、斑点叉尾鮰；第二大支为无脊椎动物，包括加州双斑蛸、美洲牡蛎、希蛛、刺尾蝎；第三支为半索动物囊舌虫；第四支为棘皮动物门的仿刺参、紫球海胆。从构建进化树的结果中可以看出，仿刺参与 14 种生物所处的位置符合其分类地位，而且同一大类物种聚为一支。表明仿刺参与紫球海胆的亲缘关系更近，这也符合仿刺参隶属棘皮动物的分类事实。

二、*Aj*-BTF3L4 重组蛋白的获得、表达与纯化

（一）蛋白表达序列的选择

利用 ORF Finder 预测出 *Aj-btf 3l4* 基因的 ORF 序列为蛋白表达序列，其他同 *Aj*-MEGF6 蛋白表达序列的选择。

（二）*Aj*-BTF3L4 的诱导表达

在四种不同的条件（同 *Aj*-MEGF6 的诱导表达）下诱导 *Aj*-BTF3L4 重组蛋白。电泳结果显示四种条件下诱导的效果无差异 [图 5-10（A）]，连接载体后的 *Aj*-BTF3L4 重组蛋白条带介于蛋白 Marker 的 25kDa 与 35kDa 之间。生物信息学分析预测的 *Aj*-BTF3L4 蛋白分子质量为 17.9kDa，加上 pET-30 载体的分子质量，*Aj*-BTF3L4 重组蛋白条带所处位置是具有科学依据的。

（三）*Aj*-BTF3L4 的可溶性检测及纯化

由于四种条件下诱导 *Aj*-BTF3L4 重组蛋白的结果无明显差异，然后按照 *Aj*-MEGF6 的可溶性检测及纯化的步骤进行，发现 *Aj*-BTF3L4 重组蛋白也是存在于沉淀中 [图 5-10（B）]。

利用镍柱纯化 *Aj*-BTF3L4 重组蛋白，电泳检测显示当使用咪唑溶液在 40mmol/L 及以上时，即可将 *Aj*-BTF3L4 重组蛋白洗脱下来 [图 5-10（C）]。对用 40mmol/L 咪唑洗脱下的 *Aj*-BTF3L4 重组蛋白进行纯化、透析，得到比较纯净的 *Aj*-BTF3L4 重组蛋白。制备抗体，经 ELISA 检测后，BTF3L4 抗体效价达到实验要求。WB 实验显示，制备的抗体能特异结合 *Aj*-BTF3L4 蛋白 [图 5-11（D）]。

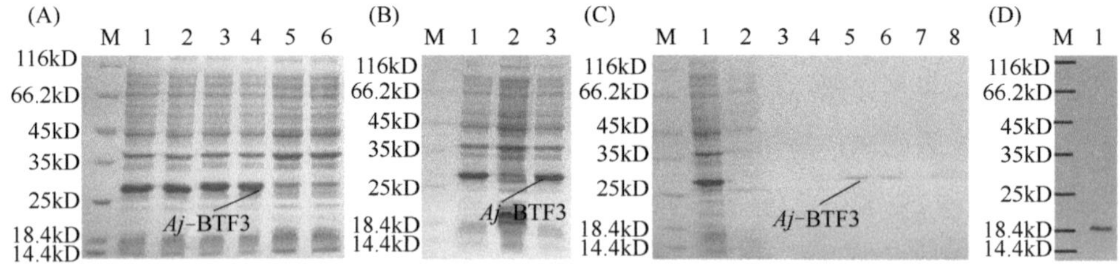

图 5-10 *Aj*-BTF3L4 重组蛋白表达分析、检测及纯化

M 为蛋白 Marker，刻度自 14.4kDa 到 116kDa；（A）中 1 至 4 道：30℃、0.25mmol/L IPTG，37℃、0.25mmol/L IPTG，30℃、1mmol/L IPTG，37℃、1mmol/L IPTG 四种条件下重组蛋白，5 道为未诱导蛋白，6 道为 pET-30a 空载体；（B）中 1 道为 *Aj*-BTF3L4 重组总蛋白，2 道为上清液，3 道为沉淀液；（C）中 1 道为 *Aj*-BTF3L4 重组蛋白；2 道为流穿液；3 至 8 道分别为 10、20、40、60、80、100mmol/L 咪唑的洗脱液；（D）中 1 道为 *Aj*-BTF3L4 蛋白与抗体的特异性结合

三、*Aj*-BTF3L4 的免疫荧光定位

利用免疫荧光技术，对肠再生 3 ～ 21d 时 *Aj*-BTF3L4 在肠组织的表达定位进行研究。根据生物信息学预测，*Aj*-BTF3L4 蛋白 56.5% 在细胞核，因此选取 DAPI 标记细胞核（附图 6 A1 ～ H1），用抗体标记 *Aj*-BTF3L4（附图 6 A ～ H），并将抗体标记目标蛋白、DAPI 标记细胞核的图像进行融合处理（附图 6 A2 ～ H2），同时仅以第二抗体对样品进行标记作为对照（附图 6 A3 ～ H3）。结果表明，在再生的肠组织和正常的肠组织中，*Aj*-BTF3L4 均有表达，主要分布于肠腔上皮和体腔上皮中。通过再生 6d 时肠组织的局部放大图像，可以确定 *Aj*-BTF3L4 主要定位于细胞核中（附图 7），与生物信息学预测的定位结果相同。

BTF3 在生物界广泛存在，具有普遍性 [4]。IF 显示，*Aj*-BTF3L4 存在于仿刺参正常状态和再生状态下；*Aj*-BTF3L4 与 DAPI 的共定位结果显示 *Aj*-BTF3L4 主要分布在细胞核内，与生物信息学的预测结果相符，这也与烟草中 BTF3[12]、丹参中 BTF3[35] 定位是相同的，但也有研究显示，BTF3 除了在细胞核中表达外，也可在细胞膜上（如水稻 [4]）或细胞质中表达 [36]。*Aj*-BTF3L4 在细胞核中，说明细胞核是其发挥功能的主要场所。李广旭等 [4] 在对水稻 *Oryzae sativa* BTF3 的鉴定过程中，推测 BTF3 可调控转录、蛋白转运。*Aj*-BTF3L4 定位存在组织特异性，主要在体腔上皮和肠腔上皮，这可能与上皮组织的发生、形态变化是肠再生过程的主要事件有关。

四、*Aj*-BTF3L4 与 BMI1 的调控关系

Aj-BTF3L4 和 BMI1 蛋白在仿刺参肠再生过程中的变化趋势：从 3d 开始表达上调，在 9d 时表达量最大，分别为 1.26、1.19，然后表达水平开始下调；分别在 9 ～ 12d、6 ～ 12d 时与对照组有显著差异（$P < 0.05$），至 15d 时恢复至对照组水平（图 5-11）。

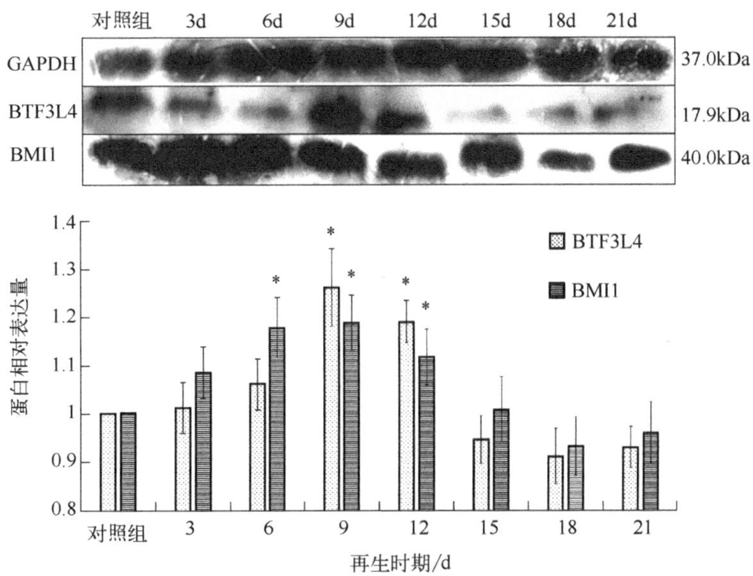

图 5-11 WB 检验 *Aj*-BTF3L4 和 BMI1 的表达变化

* 代表与对照组差异显著（$P < 0.05$），** 代表差异极显著（$P < 0.01$）

BTF3 既有转录调控功能，又可参与调控细胞周期及凋亡 [5，23]。在多种恶性肿瘤细胞中，BTF3 差异表达 [9-11，37-40]，且在不同的瘤种中的转录、蛋白修饰等水平发挥不同的作用 [41]。BTF3 低表达，可阻碍癌细胞浸润，高表达可加强癌细胞浸润、迁移 [42]。泛素 - 蛋白酶体系统可控制蛋白稳态，这对保持细胞活力和干性很重要 [43，44]。作为 NAC 家族成员的 BTF3 可以作为蛋白质稳态的关键调节因子参与其中 [45]，而 BMI1 为 BTF3 的下游基因 [42]。BMI1 是多梳抑制复合物 1 的重要组分，是能控制胚胎干细胞多能性和早期胚胎发育的关键调节因子 [46-48]，BMI1 可介导 Wnt[47]、Hedgehog[48] 信号通路，调控细胞更新 [49]。BTF3 高表达可抑制 BMI1 的泛素化降解，促使 BMI1 蛋白表达水平上调，进而调节其靶基因以促进癌细胞的干细胞表型和恶性行为 [42]。BTF3 也可

以促进BMI1入核，有助于其发挥作用。在前列腺癌中，BTF3表达上调来抑制蛋白酶体介导的泛素化降解，稳定BMI1的表达，加强癌细胞的干细胞样表型，引起病情发展。然而，干扰BMI1可一定程度反转因BTF3过量表达导致的癌干细胞样表型[42]。

沉默*BTF3*，不但能导致细胞凋亡，还可通过阻止JAK2/STAT3信号途径，抑制EMT[21]。EMT过程产生的间充质细胞是发育、伤口愈合的基础[50]。而CDK2在肠再生3～15d时表达上调（见第四章），也说明了肠再生过程中有细胞周期事件的进行。*BTF3*是miRNA-15a的靶基因，缺氧微环境抑制miRNA-15a，可促进BTF3的表达，随之提升干细胞标志物[42]。*Aj-btf3l4*基因mRNA和蛋白在仿刺参肠再生的中前期（3～15d）高表达，通过促进EMT，使上皮细胞无极性，获得迁移、抗凋亡能力，并发挥调控细胞增殖的功能，有助于肠组织的重建进程。

参考文献

[1] Yu X，Lin J，Zack D J，et al. Computational analysis of tissue-specific combinatorial gene regulation：predicting interaction between transcription factors in human tissues[J]. Nucleic Acids Research，2006，34（17）：4925-4936.

[2] Chawade A，Brautigam M，Lindlof A，et al. Putative cold acclimation pathways in Arabidopsis thaliana identified by a combined analysis of mRNA co-expression patterns，promoter motifs and transcription factors[J]. BMC Genomics，2007，8（1）：304.

[3] Hannenhalli S，Levy S. Predicting transcription factor synergism[J]. Nucleic Acids Research，2002，30（19）：4278-4284.

[4] 李广旭，吴茂森，吴静，等.受病原细菌诱导表达增强的水稻转录因子基因OsBTF3的分子鉴定[J].中国农业科学，2009，42（7）：2608-2614.

[5] Bloss T A，Wltze E S，Rothman J H. Suppression of CED-3-independent apoptosis by mitochondrial βNAC in Caenorhabditis elegans[J]. Nature，2003，424：1066-1071.

[6] Zheng X M，M oncollin V，Egly J M，et al. A general transcription factor forms a stable complex with RNA polymerase B（II）[J]. Cell，1987，50：361-368.

[7] Zheng X M，Black D，Cham bon P，et al. Sequencing and expression of complementary DNA for the general transcription factor BTF3[J]. Nature，1990，344：556-559.

[8] Wiedmann B，Sakai H，Davis T A，et al. A protein complex required for signal-sequence-specific sorting and translocation[J]. Nature，1994，370：434-440.

[9] Wang C，Franbergh-Karlson H，Wang D，et al. Clinicopathological significance of BTF3 expression in colorectal cancer[J]. Tumor Biology，2013，34（4）：2141-2146.

[10] Odreman F，Vindigni M，Gonzales M L，et al. Proteomic studies on low- and high-grade human brain astrocytomas[J]. Journal of Proteome Research，2005，4（3）：698-708.

[11] Dunican D S，McWilliam P，Tighe O，et a1.Gene expression differences between the microsatellite instability（MIN）and chromosomal instability（CIN）phenotypes in colorectal cancer revealed by high · density eDNA array hybridization[J].Oncogene，2002，21：3253-3257.

[12] Yang K S，Kim H S，Jin U H，et al. Silencing of NbBTF3 results in developmental defects and disturbed gene expression in chloroplasts and mitochondria of higher plants[J]. Planta，2007，225：1459-1469.

[13] Deng J M，Behringer R R. An insertional mutation in the BTF3 transcription factor gene leads to an early postimplantation lethality in mice[J]. Transgenic Research，1995，4（4）：264-269.

[14] Cooper B，Hutchison D，Park S，et al. Identification of rice（*Oryza sativa*）proteins linked to the cyclin -mediated regulation of the cell cycle[J]. Plant Moecularl Biology，2003，53：273-279.

[15] Freire M A.Translation initiation factor（iso）4E interacts with BTF3，the β subunit of the nascent polypeptide-associated complex[J]. Gene，2005，345：271-277.

[16] 余鹏，蔡红兵 . 通用转录因子 3 对卵巢癌细胞增殖和凋亡的影响 [J]. 武汉大学学报（医学版），2017，38（4）：560-563，581.

[17] 王大维，王晓梅，王浩，等 . 通用转录因子 3 在食管鳞状细胞癌中的表达及临床意义 [J]. 中华实验外科杂志，2016，33（8）：1944-1946.

[18] Kusumawidjaja G，Kayed H，Giese N A，et al. Basic Transcription Factor 3（BTF3）Regulates Transcription of Tumor-Associated Genes in Pancreatic Cancer Cells[J]. Cancer Biology & Therapy，2007，6（3）：367-376.

[19] 陈平，李祖飞，张洋，等 . 通用转录因子 3 基因在恶性肿瘤中的研究进展 [J]. 中国耳鼻咽喉头颈外科，2016，23（4）：62-64.

[20] Liu Q，Zhou J，Li B，et al. Basic transcription factor 3 is involved in gastric cancer development and progression[J]. World Journal of Gastroenterology，2013，19（28）：4495-4503.

[21] Bray F I，Ferlay J，Soerjomataram I，et al. Global cancer statistics 2018：GLOBOCAN estimates of incidence and mortality worldwide for 36 cancers in 185 countries[J]. CA：A Cancer Journal for Clinicians，2018，68（6）：394-424.

[22] Brockstedt E，Otto A，Rickers A，et a1. Preparative high-resolution Two-dimensional electrophoresis enables the identification of RNA polymerase B transcription factor 3 as an apoptosis-associated protein in the human BL60-2 Burkitt lymphoma cell line[J].Journal of protein chemistry，1999，18：225-231.

[23] Thiede B，Dimmler C，Siejak F，et al. Predominant Identification of RNA-binding Proteins in Fas-induced Apoptosis by Proteome Analysis[J]. Journal of Biological Chemistry，2001，276（28）：26044-26050.

[24] 李荣，刘晓力，杜庆锋，等 . 三尖杉酯碱诱导 K562 细胞凋亡的蛋白质组研究 [J]. 中华血液学杂志，2004，25（6）：323-327.

[25] Ding Y，Jia Y，Shi Y，et al. OST1-mediated BTF3L phosphorylation positively regulates CBFs during plant cold responses[J]. The EMBO Journal，2018，37（8）：e98228.

[26] Wang Y，Zhang X，Lu S，et al. Inhibition of a Basal Transcription Factor 3-Like Gene Osj10gBTF3 in Rice Results in Significant Plant Miniaturization and Typical Pollen Abortion[J]. Plant and Cell Physiology，2012，

53（12）：2073-2089.

[27] Shaham S.Apoptosis：a process with a（beta）NAC for complexity [J]. Cell，2003，114：659-661.

[28] Symes A J，Eilertsen M，Millar M，et al. Quantitative Analysis of BTF3，HINT1，NDRG1 and ODC1 Protein Over-Expression in Human Prostate Cancer Tissue[J]. PLOS ONE，2013，8（12）：e84295.

[29] 殷勤，彭金霞，崔亮，等 . 凡纳滨对虾 BTF3 基因的克隆及表达分析 [J]. 西南农业学报，2011，24（6）：2396-2400.

[30] Lauring B，Sakai H，Kreibich G，et al. Nascent polypeptide-associated complex protein prevents mistargeting of nascent chains to the endoplasmic reticulum[J]. Proceedings of the National Academy of Sciences of the United States of America，1995，92（12）：5411-5415.

[31] Zimmerman S B，Minton A P. Macromolecular Crowding：Biochemical，Biophysical，and Physiological Consequences[J]. Annual Review of Biophysics and Biomolecular Structure，1993，22（1）：27-65.

[32] 王霞，李霞 . 仿刺参消化道的再生形态学与组织学 [J]. 大连海洋大学学报，2007，22（5）：340-346.

[33] 孙丽娜 . 仿刺参 *Apostichopus japonicus*（Selenka）消化道再生的组织细胞特征与关键基因分析 [D]. 北京：中国科学院大学，2013.

[34] 黄晓丽 . 银杏 BTF3 基因克隆及其在种胚后熟发育过程中表达规律研究 [D]. 沈阳：沈阳农业大学，2018.

[35] 何苗，武雪，王姑之 . 丹参 BTF3 基因的克隆及生物信息学分析 [J]. 武汉植物学研究，2009，27（6）：582-588.

[36] Jamil M，Wang W，Xu M，et al. Exploring the roles of basal transcription factor 3 in eukaryotic growth and development[J]. Biotechnology & Genetic Engineering Reviews，2015，31：21-45.

[37] 冯成 .FKBP3 通过靶向 BTF3/mTOR/ 自噬轴促进食管鳞状细胞癌的细胞增殖 [D]. 合肥：安徽医科大学，2022.

[38] 胡洁，高峰，王云静，等 .BTF3 在口腔鳞状细胞癌组织中的表达及其与 PINCH 的相关性 [J]. 现代肿瘤医学，2023，31（22）：4162-4166.

[39] 张冉冉 .BTF3/HIF-1α 正反馈环路通过参与神经内分泌转化促进前列腺癌的恶性进展 [D]. 济南：山东大学，2023.

[40] 陈佳欣 . 珍珠梅黄酮纳米粒通过 BTF3 调控 HIF-1α 泛素化抑制肝癌细胞增殖的作用机制 [D]. 延边：延边大学，2024.

[41] 牛宁宁 . 基础转录因子 3（BTF3）在黑色素瘤中的生物学行为及潜在作用机制 [D]. 长春：吉林大学，2023.

[42] 胡菁 . BTF3 通过维持肿瘤干细胞样表型促进前列腺癌恶化进展的研究 [D]. 济南：山东大学，2019.

[43] Fang L，Zhang L，Wei W，et al. A methylation-phosphorylation switch determines Sox2 stability and function in ESC maintenance or differentiation[J]. Molecular Cell，2014，55（4）：537-551.

[44] Kirstein-Miles J，Scior A，Deuerling E，et al. The nascent polypeptide-associated complex is a key regulator of proteostasis[J]. The EMBO Journal，2013，32（10）：1451-1468.

[45] Saretzki G，Armstrong L，Leake A，et al. Stress defense in murine embryonic stem cells is superior to that of various differentiated murine cells[J].Stem Cells，2004，22：962-971.

[46] Stone L. Prostate cancer：Inhibiting initiation-targeting BMI1 is effective[J]. Nature Reviews Urology，2016，13（8）：436-436.

[47] Bisson I，Prowse D M. WNT signaling regulates self-renewal and differentiation of prostate cancer cells with

stem cell characteristics[J]. Cell Research，2009，19（6）：683-697.

[48] Bansal N，Bartucci M，Yusuff S，et al. BMI-1 targeting interferes with patient-derived tumor-initiating cell survival and tumor growth in prostate cancer[J]. Clinical Cancer Research，2016，22（24）：6176-6191.

[49] Rospert S，Dubaquie Y，Gautschi M，et al. Nascent-polypeptide-associated complex[J]. Cellular and Molecular Life Sciences，2002，59（10）：1632-1639.

[50] Hu H Q，Wang M，Wang H W，et al. MEGF6 promotes the epithelial-to-mesenchymal transition via the TGFbeta/SMAD signaling pathway in colorectal cancer metastasis[J]. Cellular Physiology and Biochemistry，2018，46（5）：1895-1906.

第六章 蛋白MEGF6、KLF13和BTF3L4在仿刺参肠再生过程中的调控机制

第一节　相关通路基因蛋白的表达模式

一、仿刺参再生相关通路

目前，海参再生现象已被广泛关注，并成为发育生物学关注的热点之一，海参也被用作研究组织修复和器官再生的模式生物[1]。生物体创伤修复、组织重建应由多种因子共同调控才得以完成，而且再生肠腔上皮是最早启动重建的。已有研究发现，包括仿刺参在内的多种生物中有*egfr*基因[2，3]。EGFR为表皮生长因子受体，其与生长因子的调控水平直接相关。表皮生长因子（EGF）是一种细胞分裂增强剂，通过其EGF样结构域与受体结合，激活相应酶类，开启系列信号转导，促使细胞RNA、DNA、蛋白质合成，实现生物体内多类型组织细胞分裂、增殖、分化[4]，以及促进基质合成、沉积[5]，调节机体生长发育、组织修复[6]。该修复机制与仿刺参的组织再生具有相同之处[7]，即通过细胞增殖、迁移，修复受损部位[2]。

Wnt是编码富含Cys分泌类蛋白的基因家族，其产物是发育、再生过程中细胞间信号传递的关键调节因子[8]。WNT信号通路可激活生物发育、再生过程中的基因调控网络[9-12]，而Wnt6已经被证实具有促进再生、发育的功能[13，14]，其可促进上皮与间皮转化、上皮重建和肌肉发生，完成发育、再生进程[13，15]。附图8为Wnt/β-catenin信号途径示意图，WNT与受体结合，在激酶参与下，引起β-catenin在细胞质中积累，并以TCF转录因子的共激活因子/LEF家族，移至细胞核内，引起Cyclin D1上调表达。Cyclin D1具有促进细胞增殖的功能，而且可被KLF13激活[16]。CREB高表达可上调Cyclin D1基因表达[17]，CDKs可与Cyclin结合成异二聚体，并以其活性推进细胞周期的进行。

二、*Aj-egfr*、*wnt6*基因在肠再生过程中的表达模式

在获得*Aj-megf*6、*klf*13、*btf*3*l*4基因的结构特点以及在仿刺参肠再生过程中mRNA表达规律以及*Aj*-MEGF6、KLF13、BTF3L4定位及表达模式的基础上，通过对*egfr*、*wnt*6和Cyclin D1的mRNA和蛋白在仿刺参肠再生过程中的表达模式研究，来确定*Aj*-MEGF6、KLF13和BTF3L4在仿刺参肠再生过

程中的调控机制。

肠再生过程中，*Aj-egfr*、*wnt6* 基因 mRNA 表达水平呈现先上升再下降的变化趋势，分别在再生 9d、12d 时表达量最高，为 5.32、8.32；在 18d、21d 时下降至对照组水平，其余时期表达水平与对照组存在显著或极显著差异（$P < 0.05$ 或 $P < 0.01$）。仿刺参肠再生过程中，*Aj-egfr*、*wnt6* 与 *megf* 6、*klf* 13、*btf* 3*l*4 基因 mRNA 的表达模式见图 6-1。

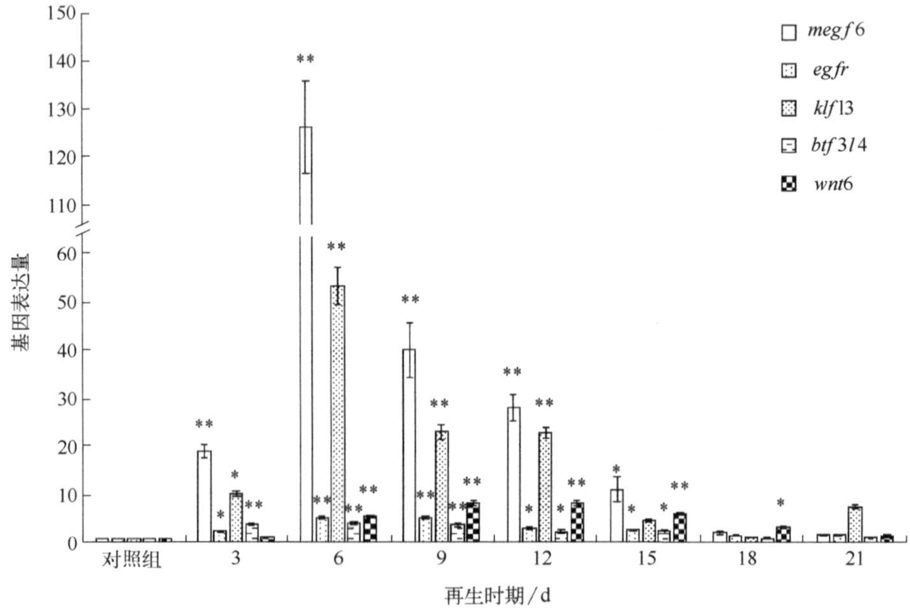

图 6-1 再生过程中 *Aj-egfr*、*wnt*6、*megf*6、*klf*13、*btf*3*l*4 基因的表达变化

* 代表与对照组差异显著（$P < 0.05$），** 代表差异极显著（$P < 0.01$）

三、*Aj*-EGFR、WNT6 蛋白在肠再生过程中的表达模式

肠再生过程中，*Aj*-EGFR、WNT6、Cyclin D1 蛋白表达总体呈现出先升高再下降的变化趋势。3 ～ 6d，*Aj*-EGFR、Cyclin D1 蛋白表达上调；3 ～ 12d，*Aj*-WNT6 蛋白表达上调；*Aj*-EGFR、WNT6、Cyclin D1 分别在 6d、12d、6d 时达到峰值，为对照组的 3.89 倍、3.59 倍、6.30 倍，然后逐渐下降。*Aj*-EGFR 在 3 ～ 15d、WNT6 在 3 ～ 18d、Cyclin D1 在 3 ～ 21d 与对照组存在极显著或显著差异（$P < 0.01$ 或 $P < 0.05$）。仿刺参肠再生过程中，*Aj*-EGFR、WNT6、

Cyclin D1 与 MEGF6、SNAI2、CDH1、KLF13、CREB1、CDK2、BTF3L4、BMI1 蛋白的表达模式见图 6-2。

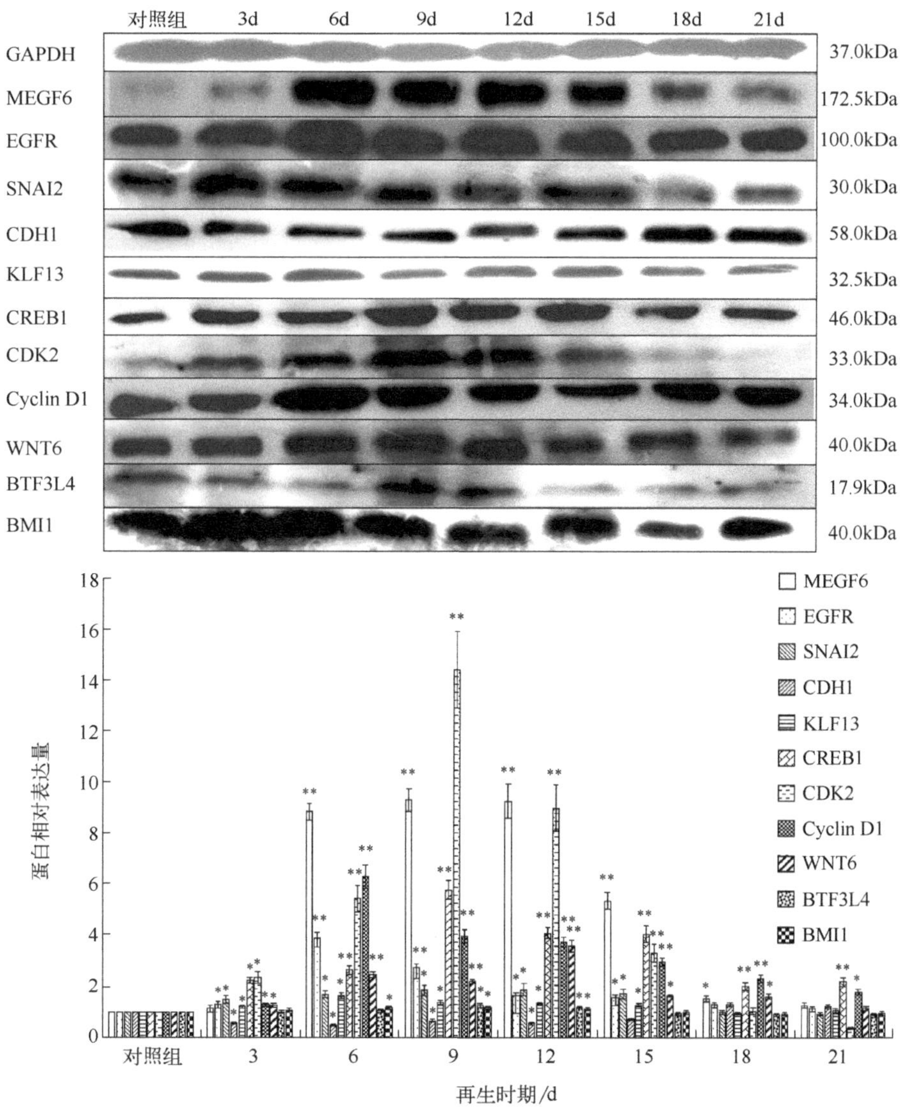

图 6-2 WB 检测 *Aj*-EGFR、WNT6、Cyclin D1、MEGF6、SNAI2、CDH1、KLF13、CREB1、CDK2、BTF3L4、BMI1 的表达变化

* 代表与对照组差异显著（$P < 0.05$），** 代表差异极显著（$P < 0.01$）

第二节　仿刺参肠再生调控机制

一、仿刺参肠再生机制

生物再生机制有变形再生、新建再生或者二者相结合的方式。海参因种类、组织器官不同，再生机制不同[18-20]。仿刺参消化道再生是变形再生、新建再生相结合的方式，即初期以变形再生为主，后期以新建再生为主[21]。

仿刺参的消化道被肠系膜锚定在体腔内，在内脏再生过程中肠系膜发挥关键作用，现在普遍认为肠系膜增厚的位置是形成再生肠管的原基。仿刺参吐脏时，消化道与肠系膜彼此断开，但多数肠系膜仍完整，边缘呈无束缚状态。再生时，肠系膜边缘开始伸展、变厚，形成了体腔膜[22]。组织学观察发现，肠系膜固着位置的增厚区延长，形成一个连续的线型增殖细胞区，前端与食道 - 胃断开处相接，后端与泄殖腔残肢相连，成为消化道再生的原基。通过再生初期的转录组数据可以发现，生物过程类别的细胞成分、再生方面、发育过程，细胞组分类别的细胞器组分、膜封闭腔以及分子功能类中结构分子活性子类别中 60% 以上的基因显著上调，说明仿刺参吐脏后，相关基因被激活，尤其是再生、发育类基因上调表达，促进细胞迁移、增殖活动，形成再生原基。对仿刺参肠再生过程的观察发现，在再生第 3 天，浆膜层、结缔组织层中增殖细胞比例还不足 3%，而第 7 天时，细胞增殖现象明显，约占细胞总数的 29.5%，再生第 14 ～ 21 天，细胞分裂活动有所减弱，肠腔上皮细胞分裂率下降至 14.2%[21]。在再生初期，由仿刺参体腔内残留组织的相关细胞迁移至肠系膜边缘，引起肠系膜增厚，形成再生肠的原基，随后构成原基的细胞在相关基因的调控下大量分裂增殖，促使再生肠管进一步生长、分化。

二、MEGF6、KLF13 和 BTF3L4 在肠再生过程中的调控机制

细胞外基质（ECM）对于维持组织的边界非常重要，这在干细胞定位中尤为突出。干细胞定位受两个主要因素影响：①分化细胞，通常对产生信号很重要，例如生长因子；②细胞外基质，为不溶性的蛋白质网络，为细胞间隙提供结构[23-25]。多项研究表明 ECM 为干细胞行为的重要调节因子，包括分裂、静止和分化[23，26-28]。损伤后，ECM 构建了细胞迁移的基本条件，其可通

过物理限制新生细胞的迁移或与生长因子信号协调来调节新生细胞的定位 [29]。在多组织水平上，ECM 可以促进再生和伤口闭合 [30，31]。

MEGF6 是 ECM 的成分之一，能够保持干细胞处于指定位置，维持上皮基膜完整 [32]。MEGF6 负责维持组织的完整性，以抵抗由细胞稳态转换引起的应力 [32]。EGFR 为 EGF 类生长因子的受体，是一类跨膜性糖蛋白 [33，34]，其通过对生长因子的调控，完成器官、组织修复、再生 [6，7]。仿刺参的表皮、肠、纵肌中都有 EGFR 表达 [2]。根据本文第三章中对 *Aj-megf* 6 基因的生物信息学分析预测结果，*Aj*-MEGF6 具有 37 个 EGF 样结构域，使其可结合 EGFR，并介导生长因子信号传导 [32]。

仿刺参肠再生过程中 *Aj*-MEGF6、EGFR 高表达，这有助于两者结合，以 Tgf β/Smad 途径调控 SNAI2。SNAI2 可上调 Cyclin D1；WNT6 高表达，与相应受体结合，在 GSK3 等激酶参与下，也可引起 Cyclin D1 上调表达，实现细胞增殖 [35，36]。KLF13 是 Cyclin D1 启动子的一个有效的反式激活因子 [16]。此外，KLF13 对 Cyclin D1 启动子的激活可被 GATA4 增强，进而加强 Cyclin D1 转录表达。CREB 可与 Cyclin D1 中的 CRE 序列结合 [37]，上调 Cyclin D1 表达[17,38]。CDKs 与 Cyclin 形成异二聚体，通过 CDK 的活性催化底物的磷酸化，从而促进细胞周期的不同时相。SNAI 家族也是 CDH1 的抑制因子 [39，40]，而 CDH1 是细胞周期末期促进复合物的调节亚基，可停止细胞周期进行 [41]。当 CDH1 受到抑制后，诱导 EMT，促进组织细胞转化、迁移及增殖 [42]。BTF3 为 BMI1 的上游基因 [43]，BTF3 可通过抑制泛素化降解，使 BMI1 高表达。在肠再生过程中，尤其是再生初期（3 ～ 12d），*Aj-btf* 3*l*4、*wnt*6 基因 mRNA 以及 *Aj*-BTF3L4、BMI1 和 WNT6 蛋白都是高表达的。BMI1 作为可以控制胚胎干细胞多能性和早期胚胎发育的关键调节因子 [44-46]，可介导 Wnt[45] 信号通路，Wnt 信号通路是一条高度保守的通路 [47]，可促进 EMT，调控细胞更新 [48]，这将是伤口愈合、生长的基础 [35]，也有研究证明肠系膜增厚处的间充质细胞为仿刺参肠腔上皮再生提供了细胞来源 [21]，再由细胞的分裂、增殖实现肠组织的再生重建。间充质细胞的自我更新和多向分化潜能，是发育、伤口愈合的基础。Cyclin D1、CREB1 在 18 ～ 21d 仍高表达，应该是与再生肠管结构、功能的进一步分化有关。*Aj*-MEGF6、KLF13 和 BTF3L4 在仿刺参肠再生过程中的调控机制见附图 9。

参考文献

[1] Wang Z，Song X，Yin W，et al. Exposure to highconcentrations of tetrabromobisphenol A slows the process of tissue regenerationand induces an imbalance of metabolic homeostasis in the regenerated intestinesof *Apostichopus japonicus*[J]. Genes，2024，15（11）：1448.

[2] 李霞，王雪，秦艳杰，等 . 仿刺参 EGFR 基因的克隆与表达分析 [J]. 水产学报，2012，36（1）：41-49.

[3] Milani S，Paladini I，Orsini B，et al. Role of epidermal growth factor in peptic ulcer healing[J]. Digestive Diseases Sciences，1995，40（11）：2497-2504.

[4] Schlessinger J. Cell signaling by receptor tyrosine kinases[J]. Cell，2000，103（2）：211-225.

[5] 孔庆利，李明，孟令强，等 . 表皮生长因子含量表达与骨折愈合的关系 [J]. 中国组织工程研究与临床康复，2007（2）：247-249.

[6] Repertinger S K，Campagnaro E，Fuhtman J，et al. EGFR enhances early healing after cutaneous incisional wounding[J]. Journal of Investigative Dermatology，2004，123（5）：982-989.

[7] Jose E，Garcia-Arraras，Michael J，et al. Visceral regeneration in Holothurians[J]. Microscopy Research and Technique，2001，55：438-451.

[8] Logan C Y，Nusse R. The Wnt signaling pathway in development and disease.[J]. Annual Review of Cell and Developmental Biology，2004，20（1）：781-810.

[9] Gurley K A，Elliott S A，Simakov O，et al. Expression of secreted Wnt pathway components reveals unexpected complexity of the planarian amputation response[J]. Developmental Biology，2010，347（1）：24-39.

[10] Hobmayer B，Rentzsch F，Kuhn K，et al. WNT signalling molecules act in axis formation in the diploblastic metazoan Hydra[J]. Nature，2000，407（6801）：186-189.

[11] Lengfeld T，Watanabe H，Simakov O，et al. Multiple Wnts are involved in Hydra organizer formation and regeneration.[J]. Developmental Biology，2009，330（1）：186-199.

[12] Monga S P，Pediaditakis P，Mule K，et al. Changes in Wnt/β-Catenin Pathway During Regulated Growth in Rat Liver Regeneration[J]. Hepatology，2001，33（5）：1098-1109.

[13] Geethaloganathan P，Nimmagadda S，Huang R，et al. Role of Wnt-6 in limb myogenesis[J]. Anatomy and Embryology，2006，211（3）：183-188.

[14] Schubert F R，Mootoosamy R C，Walters E H，et al. Wnt6 marks sites of epithelial transformations in the chick embryo[J]. Mechanisms of Development，2002，114（1）：143-148.

[15] Croce J C，Range R C，Wu S，et al. Wnt6 activates endoderm in the sea urchin gene regulatory network[J]. Development，2011，138（15）：3297-3306.

[16] Zhao J，Bian Z C，Yee K，et al. Identification of Transcription Factor KLF8 as a Downstream Target of Focal Adhesion Kinase in Its Regulation of Cyclin D1 and Cell Cycle Progression[J]. Molecular Cell，2003，11（6）：1503-1515.

[17] Stepulak A，Sifringer M，Rzeski W，et al. NMDA antagonist inhibits the extracellular signal-regulated kinase pathway and suppresses cancer growth[J].Proceedings of the National Academy of Sciences，2005，102（43）：15605-15610.

[18] Medina-Feliciano J G.Garcia-Arraras JE.Regeneration in echinoderms：molecular advancements[J]. Frontier-

sin Cell and Developmental Biology，2021，9：768641.

[19] Dolmatov I Y.Molecular aspects of regeneration mechanisms in holothurians[J].Genes，2021，12（2）：250.

[20] Su F，Yang H，Sun L. A review of histocytological events and molecular mechanisms involved in intestine regeneration in holothurians[J].Biology，2022，11（8）：1095.

[21] 孙丽娜 . 仿刺参 *Apostichopus japonicus*（Selenka）消化道再生的组织细胞特征与关键基因分析 [D]. 北京：中国科学院大学，2013.

[22] 郑法新，孙修勤，张进兴 . 仿刺参吐脏再生的组织学研究 [J]. 中国水产科学，2006，13（1）：134-139.

[23] Ahmed M，Ffrench-Constant C. Extracellular Matrix Regulation of Stem Cell Behavior[J]. Current Stem Cell Reports，2016，2：197-206.

[24] Voog J，Jones D L. Stem Cells and the Niche：A Dynamic Duo[J]. Cell Stem Cell，2010，6：103-115.

[25] Rossi L，Salvetti A. Planarian stem cell niche，the challenge for understanding tissue regeneration[J]. Seminars in Cell & Developmental Biology，2019，87：30-36.

[26] Rozario T，Desimone D W. The extracellular matrix in development and morphogenesis：A dynamic view[J]. Developmental Biology，2010，341（1）：126-140.

[27] Daley W P，Peters S B，Larsen M，et al. Extracellular matrix dynamics in development and regenerative medicine[J]. Journal of Cell Science，2008，121（3）：255-264.

[28] Witjas F M，Den Berg B M，Den Berg C W，et al. Concise Review：The Endothelial Cell Extracellular Matrix Regulates Tissue Homeostasis and Repair[J]. Stem Cells Translational Medicine，2018，8（4）：375-382.

[29] Brizzi M F，Tarone G，Defilippi P，et al. Extracellular matrix，integrins，and growth factors as tailors of the stem cell niche[J]. Current Opinion in Cell Biology，2012，24（5）：645-651.

[30] Vorotnikova E，Mcintosh D，Dewilde A H，et al. Extracellular matrix-derived products modulate endothelial and progenitor cell migration and proliferation in vitro and stimulate regenerative healing in vivo[J]. Matrix Biology，2010，29（8）：690-700.

[31] Wehner D，Tsarouchas T M，Michael A，et al. Wnt signaling controls pro-regenerative Collagen Ⅻ in functional spinal cord regeneration in zebrafish[J]. Nature Communications，2017，8（1）：126.

[32] Lindsay-Mosher N，Chan A，Pearson B J. Planarian EGF repeat-containing genes megf6 and hemicentin are required to restrict the stem cell compartment[J]. PLoS Genetics，2020，16（2）：e1008613.

[33] Jorissen R N，Wakjer F，Pouliot N，et al. Epidermal growth factor receptor：mechanisms of activation and signaling[J]. Experimental Cell Research，2003，284：31.

[34] Schlessinger J. Ligand-induced，receptor-mediated dimerization and activation of EGF receptor[J]. Cell，2002，110（6）：669-672.

[35] Hu H Q，Wang M，Wang H W，et al. MEGF6 promotes the epithelial-to-mesenchymal transition via the TGFbeta/SMAD signaling pathway in colorectal cancer metastasis[J]. Cellular Physiology and Biochemistry，2018，46（5）：1895–1906.

[36] 汤灵雪 .miR-494-3p 介导 MAPK 通路在肺腺癌进展中的作用机制研究及毛兰素在肺腺癌顺铂耐药治疗中的应用 [D]. 合肥：安徽医科大学，2024.

[37] Park Y G，Park S，Lim S O，et al. Reduction in Cyclin D1/Cdk4/Retinoblastoma Protein Signaling by CRE-Decoy Oligonucleotide[J]. Biochemical & Biophysical research communications，2001，281（5）：

1213-1219.

[38] Montrminy M R，sevarino K A，Wagner J A，et al.Identification of a cyclic AMP responsive element within the rat somatostatin gene[J].Proceedings of the National Academy of Sciences of the United States of America，1986，83：6682-6686.

[39] Barrallo-Gimeno A，Nieto M A. The Snail genes as inducers of cell movement and survival：implications in development and cancer[J]. Development，2005，132（14）：3151-3161.

[40] Bolos V，Peinado H，Perez-Moreno M A，et al. The transcription factor Slug represses E-cadherin expression and induces epithelial to mesenchymal transitions：a comparison with Snail and E47 repressors [J].Journal of Cell Science，2003，116：499-511.

[41] 姚文龙 . 细胞周期末期促进复合物及其调节亚基 Cdh1 在神经干细胞增殖分化中的作用 [D]. 武汉：华中科技大学，2009.

[42] Beavon I R. The E-cadherin-catenin complex in tumour metastasis：structure，function and regulation [J]. European Journal of Cancer，2000，36（13）：1607-1620.

[43] 胡菁 .BTF3 通过维持肿瘤干细胞样表型促进前列腺癌恶化进展的研究 [D]. 济南：山东大学，2019.

[44] Stone L. Prostate cancer：Inhibiting initiation-targeting BMI1 is effective[J]. Nature Reviews Urology，2016，13（8）：436.

[45] Bisson I，Prowse D M. WNT signaling regulates self-renewal and differentiation of prostate cancer cells with stem cell characteristics[J]. Cell Research，2009，19（6）：683-697.

[46] Bansal N，Bartucci M，Yusuff S，et al. BMI-1 targeting interferes with patient-derived tumor-initiating cell survival and tumor growth in prostate cancer[J]. Clinical Cancer Research，2016，22（24）：6176-6191.

[47] 陈姝婷 . 以果蝇为模型研究 Carpenter 综合征致病基因 Megf8 对突触系统的影响 [D]. 长沙：中南大学，2022.

[48] Rospert S，Dubaquie Y，Gautschi M，et al. Nascent-polypeptide-associated complex[J]. Cellular and Molecular Life Sciences，2002，59（10）：1632-1639.

缩略词表

英文缩写	英文全称	中文全称
BMI1	B cell-specific Moloney murine leukemia virus integration site 1	B 细胞特异莫洛尼鼠白血病病毒整合位点 1 蛋白
btf3l4	Basic transcription factor 3 homolog-like 4 gene	基础转录因子 3（同源 4）基因
BTF3L4	Basic transcription factor 3 homolog-like 4 protein	基础转录因子 3（同源 4）蛋白
β-catenin	—	β- 连环蛋白
C2H2	Cys2/His2	半胱氨酸 2/ 组氨酸 2
CDH1	cadherin1	E- 钙黏着蛋白 1
CDK2	cyclin-dependentkinases 2	周期蛋白依赖性激酶 2
CREB1	cAMP response element binding protein 1	cAMP 反应元件结合蛋白 1
Cyclin D1	—	细胞周期蛋白 -D1
EGF	epidermal growth factor	表皮生长因子
EGFR	epidermal growth factor receptor	表皮生长因子受体
FPKM	Fragments Per Kilobase of transcript per Million fragments mapped	每 100 万个 map 上的 reads 中到外显子的 1K 个碱基上的 fragment 个数
IF	immunofluorescence	免疫荧光技术
klf13	Krüppel-like factor13 gene	Krüppel 样因子基因
KLF13	Krüppel-like factor13 protein	Krüppel 样因子蛋白
KLFs	Krüppel-like factors	Krüppel 样因子家族
LSD	least square difference	最小显著性差异法
megf6	multiple epidermal growth factor-like domains 6 gene	多功能表皮生长因子 6 基因
MEGF6	multiple epidermal growth factor-like domains 6 protein	多功能表皮生长因子 6 蛋白
PPAR γ	peroxisome proliferator activated receptor γ	过氧化物酶体增殖剂激活受体 γ
qPCR	Real-time quantitative PCR	实时荧光定量 PCR
RACE	Rapid-amplification of cDNA ends	cDNA 末端快速扩增技术
SNAI2	zinc-finger transcription factor-2	锌指转录因子 2
UTR	untranslated region	非翻译区
WB	western blot	免疫印迹技术

附录

附表 1　5d 组中上调表达前 30 位基因统计表

序号	Gene ID	log2（d5/N）	FDR（N-vs-d5）	Pvalue（N-vs-d5）	Other Gene ID
1	mRNA.AJAP17555	10.8201	0	0	emb|CDJ94512.1| Cyclin domain containing protein
2	mRNA.AJAP01274	10.0706	0	0	dbj|BAJ41225.1| egg coat matrix protein
3	mRNA.AJAP19937	9.8880	7.96E-240	1.60E-241	None；AJAPscaffold869：79709-83346（-）
4	mRNA.AJAP24773	8.9766	5.53E-139	1.79E-140	hypothetical protein
5	mRNA.AJAP28557	8.7188	2.54E-13	5.08E-14	doublesex- and mab-3-related transcription factor A2-like
6	mRNA.AJAP19626	8.6893	0	0	None；AJAPscaffold846：406449-410266（-）
7	mRNA.AJAP07493	8.6636	3.19E-285	5.42E-287	cytoplasmic polyadenylation element-binding protein 1
8	mRNA.AJAP07190	8.6046	1.54E-103	6.53E-105	None；AJAPscaffold197：589897-592233（-）
9	mRNA.AJAP13945	8.5887	1.04E-05	3.34E-06	**multiple epidermal growth factor protein 6**
10	mRNA.AJAP03331	8.5653	6.18E-109	2.50E-110	hypothetical protein BRAFLDRAFT_119277
11	mRNA.AJAP09759	8.4865	0	0	hypothetical protein NEMVEDRAFT_v1g224679
12	mRNA.AJAP13826	8.4201	1.89E-123	6.87E-125	gb|ADR10434.1| non-muscle actin Ⅱ
13	mRNA.AJAP03950	8.3688	7.53E-187	1.87E-188	transcription cofactor vestigial-like protein 3

续表

序号	Gene ID	log2（d5/N）	FDR（N-vs-d5）	Pvalue（N-vs-d5）	Other Gene ID
14	mRNA.AJAP17083	8.2602	5.85E-80	3.14E-81	long-chain specific acyl-CoA dehydrogenase，mitochondrial isoform X2
15	mRNA.AJAP23977	8.1685	2.64E-81	1.40E-82	hypothetical protein，partial
16	BGI_novel_G001997	8.1640	1.21E-81	6.41E-83	BGI_novel_G001997
17	mRNA.AJAP11579	8.0898	1.57E-34	1.62E-35	**Krüppel-like factor 13**
18	mRNA.AJAP26309	8.0437	1.42E-74	8.05E-76	beta-1，4-galactosyltransferase 2-like
19	mRNA.AJAP25208	7.7566	9.21E-55	6.76E-56	None；AJAPscaffold1444：41581-45061（-）
20	mRNA.AJAP09978	7.7360	8.63E-60	5.86E-61	None；AJAPscaffold300：742008-743039（+）
21	mRNA.AJAP07452	7.6792	1.92E-57	1.35E-58	myosin-1
22	mRNA.AJAP16814	7.6439	1.90E-58	1.31E-59	fibrillin-1
23	mRNA.AJAP06943	7.5338	0	0	uncharacterized protein LOC593642 isoform X2
24	mRNA.AJAP11859	7.4749	4.45E-51	3.46E-52	cysteine-rich motor neuron 1 protein
25	mRNA.AJAP03310	7.3958	9.83E-178	2.56E-179	**transcription factor BTF3 homolog-like 4**
26	mRNA.AJAP28710	7.3878	4.13E-95	1.89E-96	serrate RNA effector molecule homolog isoform X6
27	mRNA.AJAP27660	7.3369	1.56E-90	7.40E-92	LOW QUALITY PROTEIN：zinc transporter ZIP10

续表

序号	Gene ID	log2（d5/N）	FDR（N-vs-d5）	Pvalue（N-vs-d5）	Other Gene ID
28	mRNA.AJAP27473	7.2986	1.75E-281	2.98E-283	None；AJAPscaffold1880：115100-117149（-）
29	mRNA.AJAP20341	7.2471	4.79E-114	1.86E-115	None；AJAPscaffold905：249946-255629（-）
30	mRNA.AJAP19074	7.2368	2.73E-240	5.43E-242	doublesex- and mab-3-related transcription factor A2-like

附表 2　10d 组上调表达前 30 位基因统计表

序号	Gene ID	log2（d10/N）	FDR（N-vs-d10）	Pvalue（N-vs-d10）	Other Gene ID
1	mRNA.AJAP30180	12.4420	0	0	60S ribosomal protein L35
2	mRNA.AJAP24773	11.3221	0	0	hypothetical protein
3	mRNA.AJAP17555	10.3530	0	0	emb|CDJ94512.1| Cyclin domain containing protein
4	mRNA.AJAP01274	8.9764	9.63E-302	1.60E-303	dbj|BAJ41225.1| egg coat matrix protein
5	mRNA.AJAP21900	8.9473	2.42E-231	5.24E-233	APHP domain-containing protein
6	mRNA.AJAP24332	8.8008	5.37E-261	1.04E-262	fatty acid-binding protein type 3-like
7	mRNA.AJAP07493	8.6611	1.07E-244	2.22E-246	cytoplasmic polyadenylation element-binding protein 1
8	mRNA.AJAP19937	8.1176	1.10E-67	6.93E-69	None；AJAPscaffold869：79709-83346（-）
9	mRNA.AJAP13826	7.8618	7.12E-87	3.59E-88	gb|ADR10434.1| non-muscle actin Ⅱ
10	mRNA.AJAP03310	7.8101	7.01E-129	2.55E-130	**transcription factor BTF3 homolog-like 4**
11	mRNA.AJAP20341	7.3798	1.03E-123	3.88E-125	AJAPscaffold905：249946-255629（-）
12	mRNA.AJAP08557	7.3028	2.64E-74	1.52E-75	MAM and LDL-receptor class A domain-containing protein 1
13	mRNA.AJAP03331	7.2336	1.32E-41	1.20E-42	hypothetical protein BRAFLDRAFT_119277
14	mRNA.AJAP17615	7.1287	0	0	hypothetical protein CAPTEDRAFT_219277

续表

序号	Gene ID	log2（d10/N）	FDR（N-vs-d10）	Pvalue（N-vs-d10）	Other Gene ID
15	mRNA.AJAP13945	7.1224	1.04E-05	3.34E-06	**multiple epidermal growth factor protein 6**
16	mRNA.AJAP17083	7.0832	5.29E-34	5.67E-35	long-chain specific acyl-CoA dehydrogenase，mitochondrial isoform X2
17	mRNA.AJAP23284	7.0618	4.89E-35	5.11E-36	hypothetical protein，partial
18	mRNA.AJAP03950	7.0549	7.89E-72	4.66E-73	transcription cofactor vestigial-like protein 3
19	mRNA.AJAP25252	6.8995	6.29E-195	1.60E-196	gb|AIE57497.1| CPD photolyase，partial
20	mRNA.AJAP11579	6.8690	1.57E-34	1.62E-35	**Krüppel-like factor 13**
21	mRNA.AJAP26309	6.8471	3.06E-31	3.46E-32	beta-1，4-galactosyltransferase 2-like
22	mRNA.AJAP13925	6.8072	0	0	gb|KFW92417.1| Reversion-inducing cysteine-rich protein with Kazal motifs
23	mRNA.AJAP01903	6.7008	5.86E-156	1.78E-157	60S ribosomal protein L11-like
24	mRNA.AJAP28429	6.6851	6.36E-20	9.83E-21	None；AJAPscaffold2158：79509-81728（+）
25	mRNA.AJAP13320	6.6738	1.87E-27	2.32E-28	DNA-directed RNA polymerase I subunit RPA34
26	mRNA.AJAP29838	6.6724	2.60E-08	6.92E-09	angiopoietin-1 receptor-like
27	mRNA.AJAP17757	6.6623	8.81E-175	2.43E-176	dbj|BAJ41226.1| egg coat matrix protein
28	mRNA.AJAP26189	6.4611	2.10E-185	5.51E-187	None；AJAPscaffold1611：131113-132476（+）
29	mRNA.AJAP08397	6.4564	1.86E-139	6.27E-141	hypothetical protein CAPTEDRAFT_112072
30	mRNA.AJAP26225	6.3945	1.18E-62	7.93E-64	MATH and LRR domain-containing proteinPFE0570w

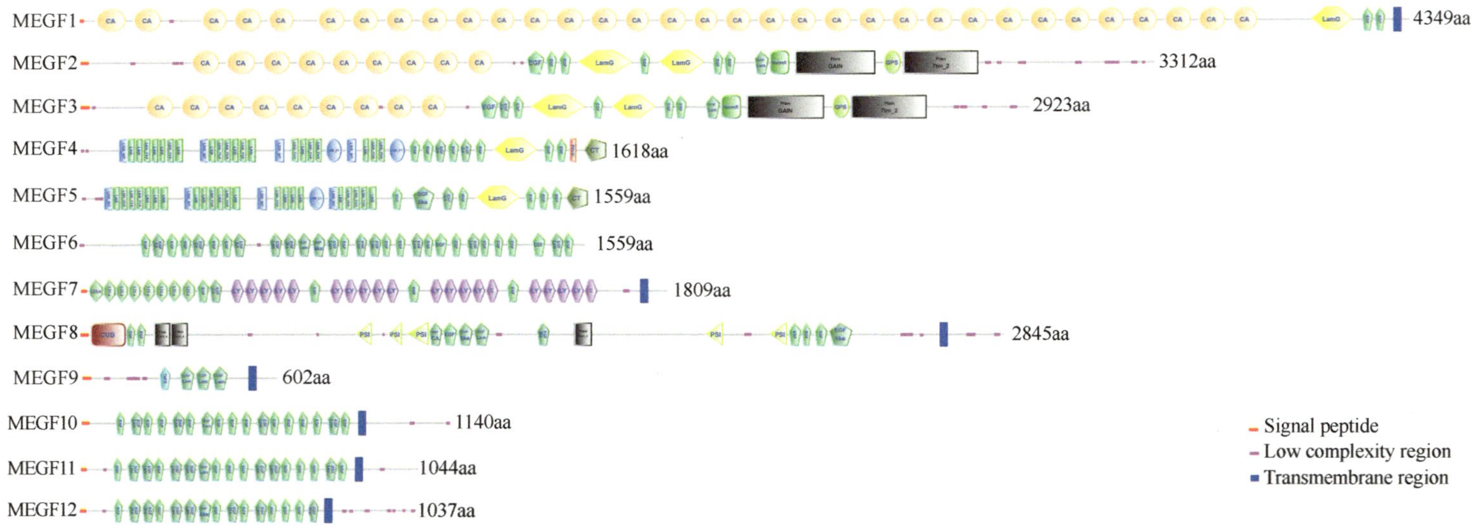

附图1 人的*megf*基因家族结构域对比

CA—钙黏蛋白重复序列，CT—C 端半胱氨酸结样结构域；EGF—表皮生长因子样结构域；EGF_CA—钙结合表皮生长因子样结构域；EGF_Lam—层粘连蛋白型表皮生长因子样结构域；EGF_like—表皮生长因子样结构域（未分类亚家族）；FOLN—卵泡抑素 -N- 末端结构域；GPS—G 蛋白偶联受体蛋白水解位点结构域；HormR—激素受体中存在的结构域；LamG—层粘连蛋白 G 结构域；LDLa—低密度脂蛋白受体结构域 A 类；LRR—富含亮氨酸的重复序列；LRRCT—富含亮氨酸的重复 C 末端结构域；LRRNT—富含亮氨酸的重复 N- 末端结构域；LY—低密度脂蛋白受体 YWTD 结构域；PSI—丛状蛋白、信号素和整合素中发现的结构域；TNFR—肿瘤坏死因子受体 / 神经生长因子受体重复序列

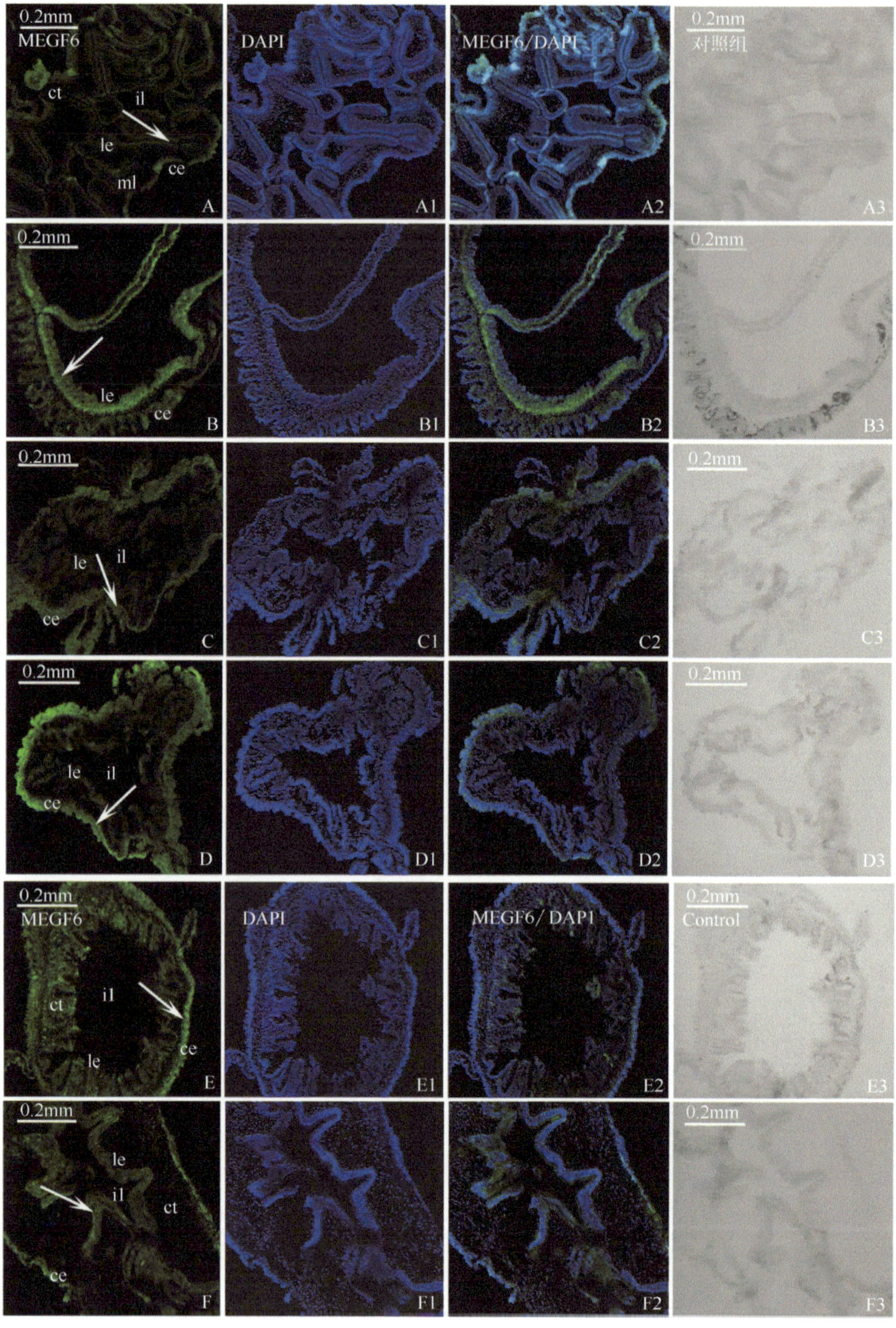
0.2mm
MEGF6
ct
il
le
ce
ml
A
DAPI
A1
MEGF6/DAPI
A2
对照组
A3
B
B1
B2
B3
C
C1
C2
C3
D
D1
D2
D3
E
E1
E2
Control
E3
F
F1
F2
F3

附图 2

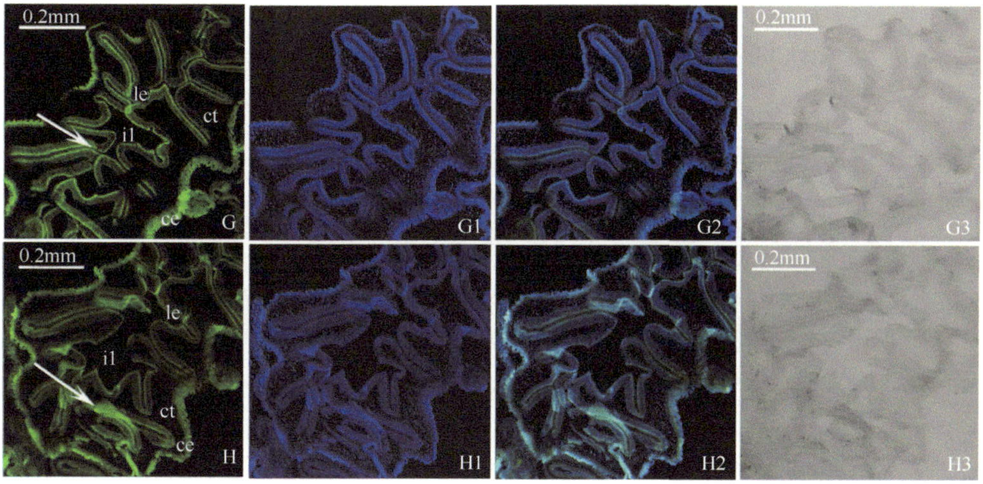

附图 2 免疫荧光分析 *Aj*-MEGF6 在仿刺参肠再生过程中的表达定位

A ～ A3 为正常组，B ～ B3 为肠再生 3d，C ～ C3 为肠再生 6d，D ～ D3 为肠再生 9d，E ～ E3 为肠再生 12d，F ～ F3 为肠再生 15d，G ～ G3 为肠再生 18d，H ～ H3 为肠再生 21d；A ～ H 为抗体标记 MEGF6；A1 ～ H1 为 DAPI 标记细胞核；A2 ～ H2 为抗体标记与 DAPI 标记的融合图；A3 ～ H3 为对照组

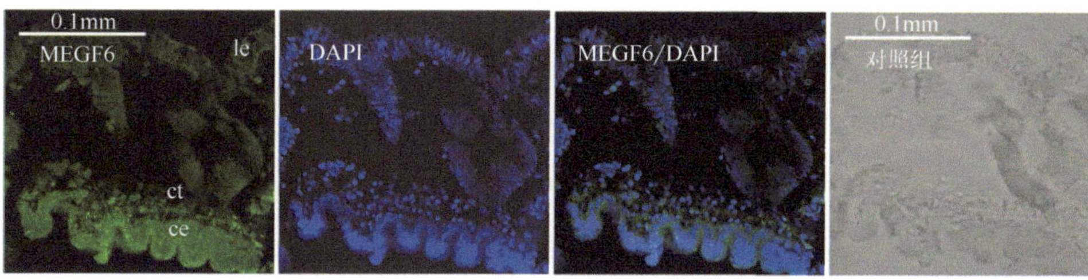

附图 3 免疫荧光分析 *Aj*-MEGF6 在仿刺参肠再生 6d 时的表达定位（局部放大）

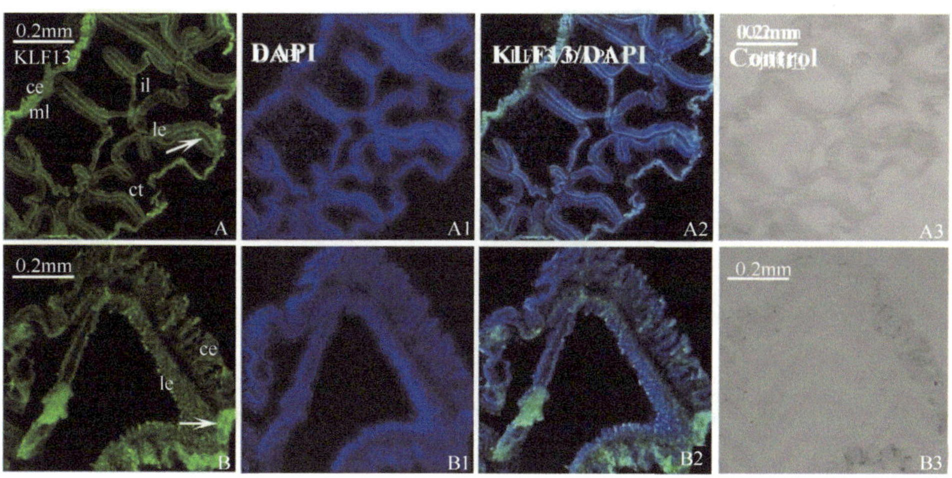

附图 4

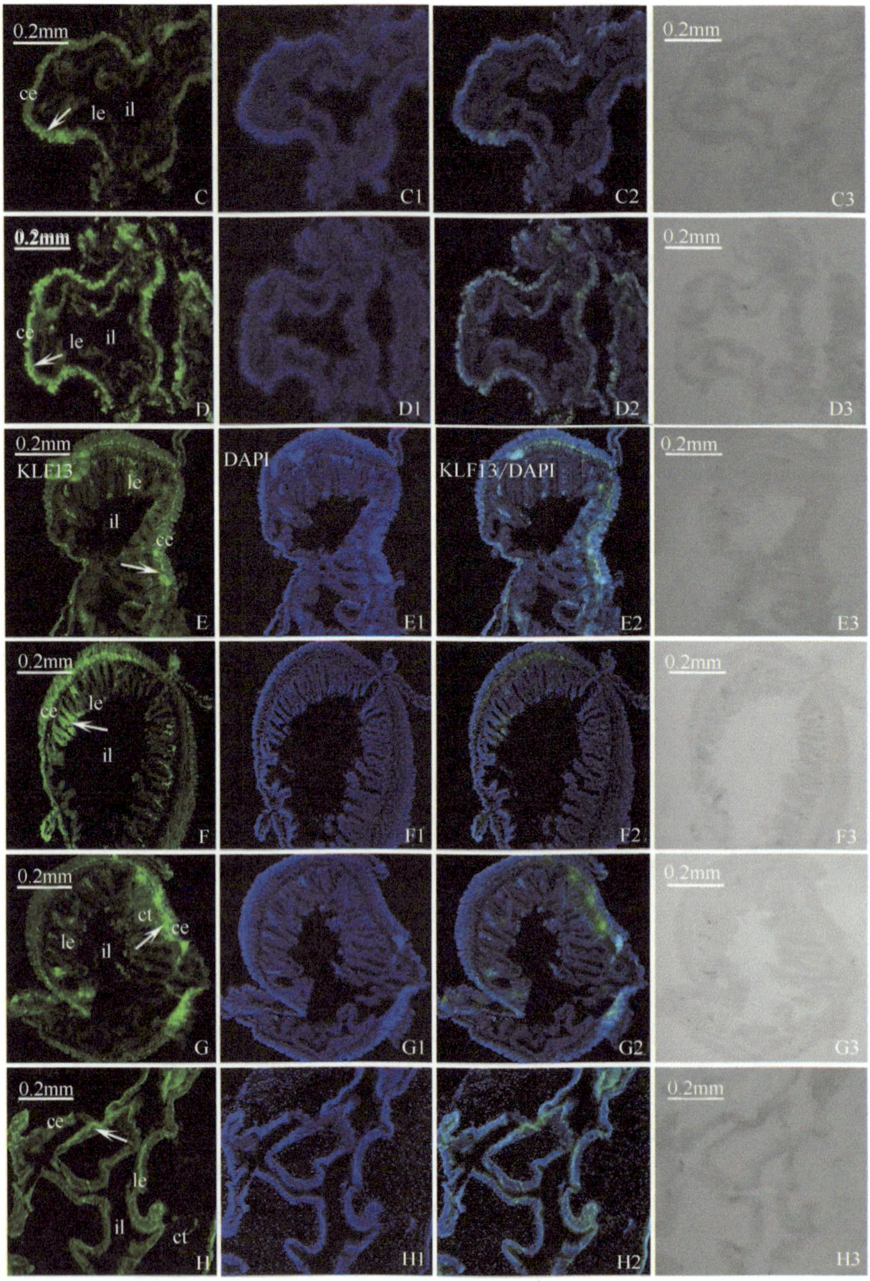

附图 4　免疫荧光分析 *Aj*-KLF13 在仿刺参肠再生过程中的表达定位

A ～ A3 为正常组，B ～ B3 为肠再生 3d，C ～ C3 为肠再生 6d，D ～ D3 为肠再生 9d，E ～ E3 为肠再生 12d，F ～ F3 为肠再生 15d，G ～ G3 为肠再生 18d，H ～ H3 为肠再生 21d；A ～ H 为抗体标记 KLF13；A1 ～ H1 为 DAPI 标记细胞核；A2 ～ H2 为抗体标记与 DAPI 标记的融合图；A3 ～ H3 为对照组

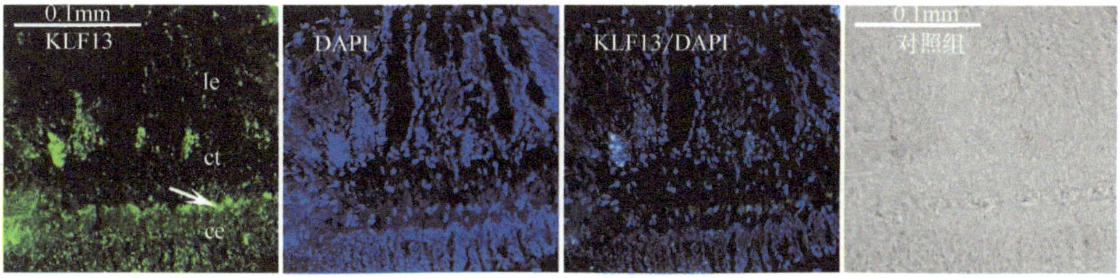

附图 5 免疫荧光分析 *Aj*-KLF13 在仿刺参肠再生 6d 时的表达定位（局部放大）

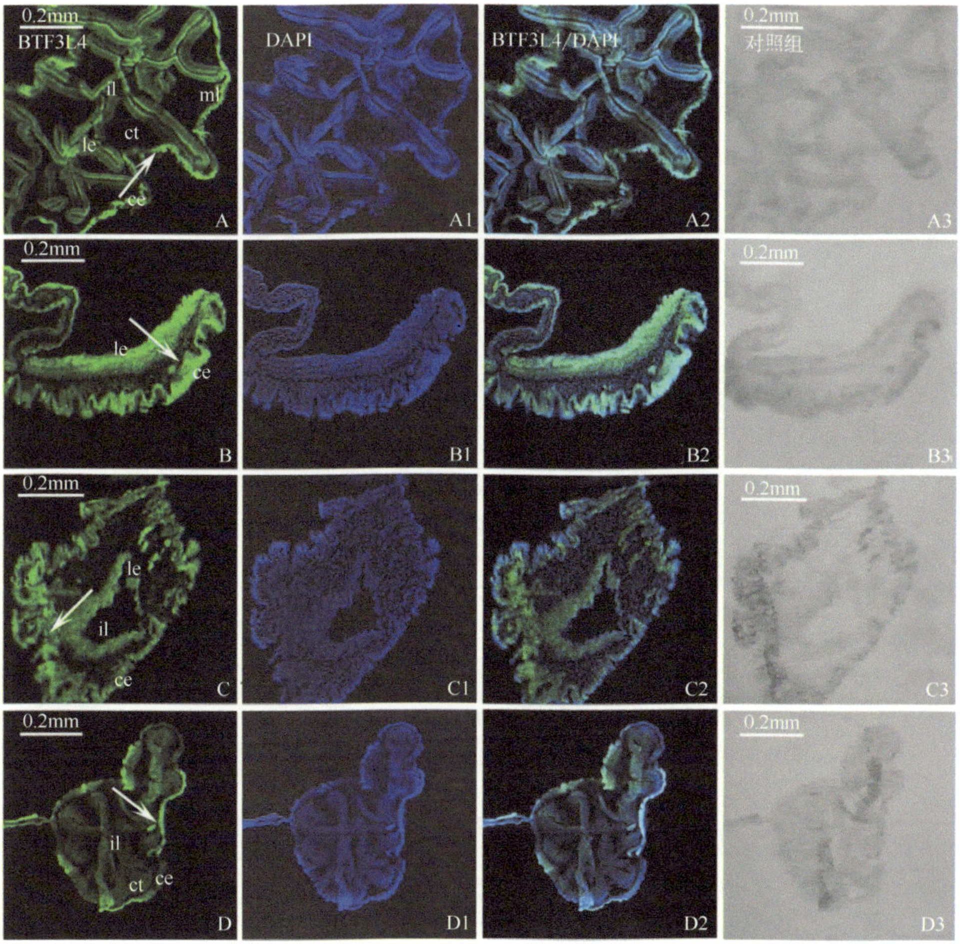

附图 6

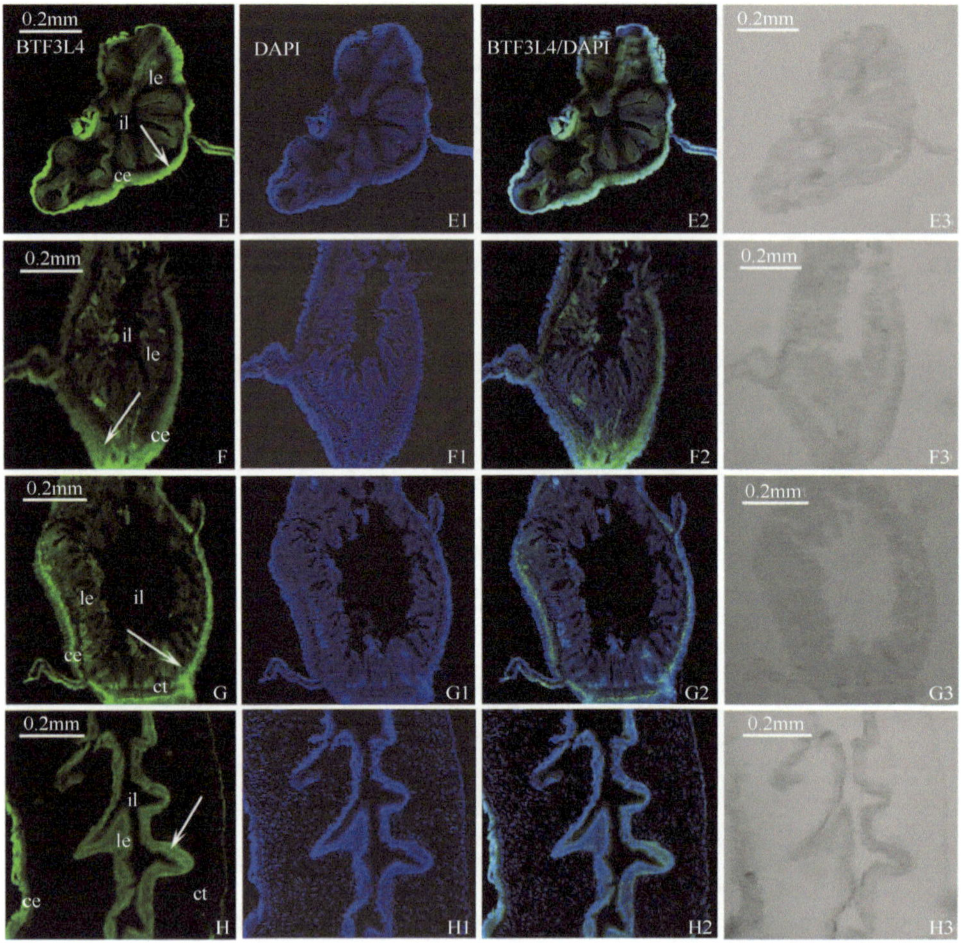

附图 6 免疫荧光分析 *Aj*-BTF3L4 在仿刺参肠再生过程中的表达定位

A ～ A3 为正常组，B ～ B3 为肠再生 3d，C ～ C3 为肠再生 6d，D ～ D3 为肠再生 9d，E ～ E3 为肠再生 12d，F ～ F3 为肠再生 15d，G ～ G3 为肠再生 18d，H ～ H3 为肠再生 21d；A ～ H 为抗体标记 BTF3L4；A1 ～ H1 为 DAPI 标记细胞核；A2 ～ H2 为抗体标记与 DAPI 标记的融合图；A3 ～ H3 为对照组

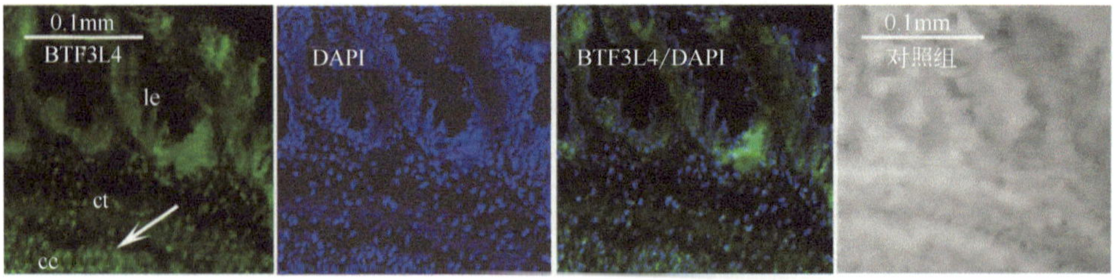

附图 7 免疫荧光分析 *Aj*-BTF3L4 在仿刺参肠再生 6d 时的表达定位（局部放大）

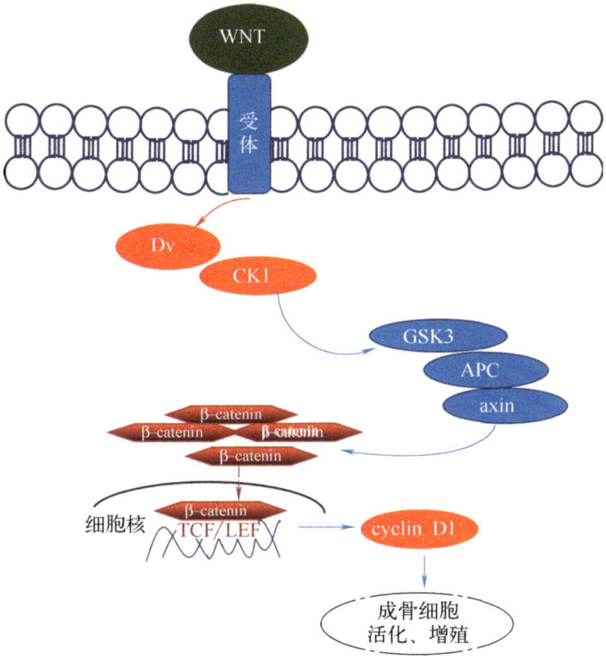

附图 8 Wnt/β-catenin 信号途径示意图

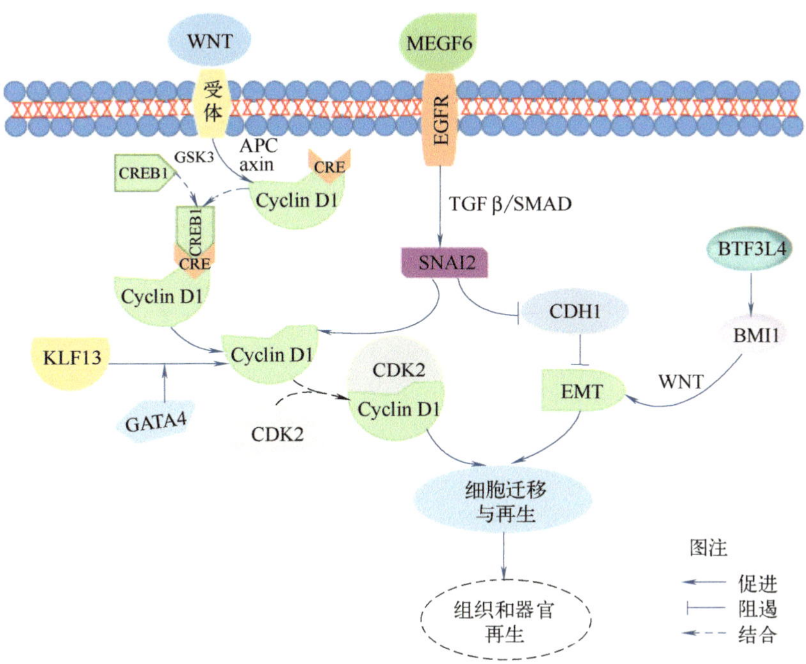

附图 9 *Aj*-MEGF6、KLF13 和 BTF3L4 在仿刺参肠再生过程中的调控机制